PROBLEMAS RESUELTOS PARA SER UN CRACK EN MATEMÁTICAS

3.º ESO

JUAN DIEGO SÁNCHEZ TORRES

PROBLEMAS RESUELTOS PARA SER UN CRACK EN MATEMÁTICAS

3.º ESO

JUAN DIEGO SÁNCHEZ TORRES

Problemas resueltos para ser un crack en matemáticas. 3.º ESO

Primera edición, 2025

© 2025 Juan Diego Sánchez Torres

© 2025 MARCOMBO, S. L. www.marcombo.com
 Gran Via de les Corts Catalanes 594, 08007 Barcelona
 Contacto: info@marcombo.com

Ilustración de cubierta: Jotaká

Maquetación: Coopera Editorial

Corrección: Cristina Pazos

Directora de producción: M.ª Rosa Castillo

ISBN: 978-84-267-3790-8

D. L.: B 9646-2025

Impreso en Servicepoint

Printed in Spain

Libro ecológico
Impreso con papel procedente de bosques gestionados
de manera eficiente, libre de cloro

A Salva y Mario

ÍNDICE

CÓMO USAR ESTE LIBRO

Como ya sabrás, este libro es diferente de otros libros de problemas resueltos. Por ello, me ha parecido adecuado incluir este apartado, con el fin de darte ideas y orientarte, para que puedas sacar el máximo partido y aproveches todas las oportunidades de aprendizaje que el libro pone a tu alcance. Por supuesto, puedes pasar de leer este apartado, pero te aconsejo que no lo hagas, pues te será de ayuda para organizar el trabajo que harás con las actividades propuestas.

Como verás, el libro está dividido en dos partes: en la primera están los enunciados de las actividades; en la segunda, las soluciones, aunque se incluyen también los enunciados, para que te resulte más cómodo de seguir, y no tengas que estar yendo de una página a otra mientras estás trabajando alguna actividad.

Desde luego, es normal que tengas la tentación de ir directamente a las soluciones. Si lo haces, no es grave, ya que podrás seguir las actividades como en los libros «normales» de problemas resueltos (encontrarás los enunciados y, seguidamente, las soluciones), pero estarás perdiendo la oportunidad de aprender mucho más. Te propongo que, antes de mirar las soluciones, leas con detenimiento los enunciados y tengas claro qué se pide en cada actividad y que, luego, intentes resolverlas, una por una. Ya verás cómo, haciéndolo así, disfrutarás más con las actividades propuestas y, además, irás teniendo más soltura a la hora de resolver problemas matemáticos. Asimismo, te recomiendo que, aunque tengas la convicción de que has resuelto correctamente las actividades, mires la solución después, ya que seguramente podrás descubrir algún detalle o algún matiz que te resultará útil para fortalecer tu capacidad para resolver problemas.

Volviendo a la estructura del libro, cada una de las dos partes (enunciados y soluciones) está dividida en tres secciones, llamadas «Para entender el problema», «Para planificar la resolución del problema» y «Para resolver el problema paso a paso y comprobar la solución». Me gustaría comentarte un poco de qué va cada sección:

- En la primera sección, «Para entender el problema», hay una gran cantidad de enunciados de problemas. Sin embargo, no se trata de que los resuelvas. Por supuesto, si quieres resolverlos (cuando sea posible), no seré yo quien te diga que no lo hagas. Pero no es lo que se pide, ya que esta primera parte tiene como finalidad que te adentres en los enunciados, que los entiendas, que los analices y que saques conclusiones de ellos, sin entrar en la resolución del problema. Por ello, encontrarás actividades en las que «solo» tendrás que indicar si el enunciado aporta todos los datos necesarios o no (y por qué), otras actividades en las que deberás averiguar si sobran datos del enunciado (y cuáles), otras en las que tendrás que deducir si hay algún dato absurdo (y cuál y por qué), otras en las que tendrás que deducir qué afirmaciones son ciertas (y por qué), otras en las que deberás rellenar los huecos en blanco del enunciado a partir de la información de la resolución, otras en las que tendrás que pensar qué pregunta se podría hacer a partir de los datos del enunciado, etc. En definitiva, son actividades para que puedas desgranar los enunciados de los problemas, pero sin entrar de lleno en su resolución.

• La segunda sección, «Para planificar la resolución del problema», está formada por actividades diversas para analizar la resolución de multitud de problemas. De nuevo, no tendrás que resolverlos, sino focalizar tu esfuerzo en desmenuzar los pasos seguidos en las resoluciones y, a la vez, analizar los razonamientos empleados y observar la manera en que se debe argumentar cuando se resuelve un problema. En este sentido, hay que tener en cuenta que resolver un problema no se limita a hacer unas cuantas operaciones; lo más importante de la resolución de un problema no son las operaciones en sí, sino las razones que llevan a hacer esas operaciones y la forma en que se justifican los pasos que se van dando. Para que puedas desarrollar la capacidad de razonar y argumentar sobre la resolución de problemas, en esta sección encontrarás actividades en las que tendrás que indicar qué enunciados se ajustan a una resolución dada, otras actividades en las que deberás emparejar correctamente algunos enunciados con sus resoluciones, otras en las que tendrás que decidir qué paso es el correcto para resolver el problema, otras en las que rellenarás los huecos en blanco de las resoluciones a partir de la información dada en los enunciados, otras en las que ordenarás los pasos dados en la resolución del problema, etc.

• Finalmente, en la tercera sección, «Para resolver el problema paso a paso y comprobar la solución», por fin podrás resolver los problemas planteados (¡seguro que ya lo estabas deseando!). De todas maneras, no te enfrentarás a ellos a solas, ya que te acompañarán las pistas o indicaciones necesarias para que vayas dando los pasos adecuados en las resoluciones, hasta completarlas y, en ocasiones, juzgar si la solución encontrada es coherente o lógica.

Por otro lado, para abordar en profundidad muchas de las actividades propuestas, te irá bien tener un cuaderno y un lápiz a mano. Te aconsejo que no te limites a resolver las actividades «de cabeza», sino que indagues en cada una de ellas y des la respuesta por escrito, de manera razonada, ordenada y justificada, para luego poder compararla con la que está en la segunda parte del libro. De este modo, gracias a un trabajo concienzudo, podrás acostumbrarte a actuar de manera sistemática cuando resuelvas un problema y expliques los pasos que has ido dando hasta llegar a la solución.

Aunque te aconsejo que recojas las soluciones en un cuaderno, si el libro es tuyo, puedes aprovechar que en muchas actividades se reserva un espacio para anotar una cruz, un número o algún dato que falte, con el fin de identificar las actividades que ya tienes resueltas y conocer a golpe de vista la solución. Sin embargo, debes tener en cuenta que este libro no es como una revista de usar y tirar, sino un objeto que podrás conservar durante toda la vida. Por ello, te recomiendo que no escribas en él con bolígrafo y que, si usas un lápiz, lo hagas de manera suave, para que se pueda borrar después. De este modo, podrás darle una segunda vida al libro, bien para ti (cuando seas mayor) o para algún familiar o amigo.

Por último, me gustaría hablarte de la posibilidad de que encuentres actividades que no puedas resolver, por necesitar de contenidos, conocimientos o saberes que aún no hayas estudiado. Si te ocurre esto y tienes muchas ganas de afrontarlas, puedes pedir ayuda a tus familiares, tus profesores o tus amigos, o incluso buscar información por tu cuenta en Internet o en algún libro. En todo caso, te propongo que no tengas prisa por hacer todas las actividades. La idea es que este libro te acompañe durante gran parte del curso, por lo que podrás ir retomando las actividades que hayas ido dejando sin hacer, conforme vayas incorporando los conocimientos necesarios. Precisamente para eso están los espacios del libro en los que puedes hacer alguna marca o escribir algo, para que te resulte más sencillo localizar las actividades pendientes.

Espero que este libro cumpla tus expectativas, y que te resulte útil y relativamente sencillo de seguir. Confío en que, después de trabajar con él, mejores notablemente tus capacidades matemáticas.

Recuerda que, si quieres seguir abordando problemas matemáticos con este método durante los próximos años, hay un libro para cada curso de la ESO.

Juan Diego

ENUNCIADOS
DE LOS PROBLEMAS

PARA ENTENDER EL PROBLEMA

1. Lee el siguiente enunciado e indica si se puede responder a las preguntas planteadas con los datos que se dan. Justifica las respuestas.

   Cinco amigos se reparten el premio de un sorteo, de 40 000 €, de la siguiente manera:

   — Tomás se lleva las tres octavas partes del premio.

   — Sara percibe una tercera parte de la cantidad recibida por Tomás.

   — A Josefa le corresponde el doble que a Nerea, quien, a su vez, se lleva una cantidad igual a las 6/5 partes de lo que recibe Sara.

   — Simón se queda con el resto.

   a) ¿Cuánto dinero recibe cada uno de los amigos? Si es posible, indica cómo se calcularía, pero sin realizar las operaciones.

   ☐ Sí puedo responder a la pregunta.

   ☐ No puedo responder a la pregunta.

b) ¿Se podría hacer una lista con los nombres de estos cinco amigos, ordenados de menor a mayor cantidad recibida?

☐ Sí puedo responder a la pregunta.

☐ No puedo responder a la pregunta.

c) ¿Es justo este reparto? ¿Por qué?

☐ Sí puedo responder a la pregunta.

☐ No puedo responder a la pregunta.

d) ¿Es justo este reparto, si el boleto les costó 20 €? ¿Por qué?

☐ Sí puedo responder a la pregunta.

☐ No puedo responder a la pregunta.

e) ¿Qué datos se necesitan para saber si el reparto ha sido justo?

2. Indica si se puede resolver cada uno de los siguientes problemas con la información de sus enunciados. Justifica las respuestas.

➤ 800 personas se presentan a unas oposiciones, que constan de dos pruebas eliminatorias. Las tres quintas partes no superan la primera prueba y, de las que pasan a la segunda, aprueba la cuarta parte. ¿Cuántas personas superan las dos pruebas?

☐ Sí lo puedo resolver con estos datos.

☐ No lo puedo resolver con estos datos.

➤ Nuria, Piedad y Rocío van a comprar un regalo para el cumpleaños de Anselmo. Nuria aporta la mitad del precio del regalo; Piedad, 15 €, y Rocío, el resto. ¿Cuánto cuesta el regalo de Anselmo? ¿Cuánto aportan Nuria y Rocío?

☐ Sí lo puedo resolver con estos datos.

☐ No lo puedo resolver con estos datos.

➤ En un supermercado, una tableta de chocolate cuesta 2,25 € y un paquete de galletas, 1,50 €. Felipe compró varios paquetes de galletas y varias tabletas de chocolate y se gastó 19,50 €. ¿Cuántas tabletas de chocolate compró? ¿Y cuántos paquetes de galletas?

☐ Sí lo puedo resolver con estos datos.

☐ No lo puedo resolver con estos datos.

➤ Los socios de un club de fútbol deben pagar una cuota anual de 500 €, más 12 € por cada partido al que asistan. Si un socio se gastó, en total, 608 €, ¿a cuántos partidos asistió?

☐ Sí lo puedo resolver con estos datos.

☐ No lo puedo resolver con estos datos.

➤ Jorge ha elaborado un plan de estudio para la semana previa a los exámenes finales. Su plan consiste en estudiar cada día 30 minutos más que el día anterior. Si sigue este plan, ¿cuánto tiempo estudiará el día justo antes de los exámenes?

☐ Sí lo puedo resolver con estos datos.

☐ No lo puedo resolver con estos datos.

➤ Una carrera de bicicletas se celebra en un circuito formado por dos tramos rectos paralelos, de 400 m cada uno, y dos semicircunferencias, de 60 m de radio. La prueba consiste en dar 20 vueltas al circuito. A los 16 minutos de iniciada la carrera, el ciclista que va en primera posición alcanza al último, llevándole una vuelta de ventaja. ¿Qué distancia ha recorrido cada ciclista en ese momento?

☐ Sí lo puedo resolver con estos datos.

☐ No lo puedo resolver con estos datos.

➤ El bombo de la batería de un grupo de rock tiene un diámetro de 56 cm. ¿Cuál es la superficie que ocupa el parche sobre el que golpea la maza?

☐ Sí lo puedo resolver con estos datos.

☐ No lo puedo resolver con estos datos.

➤ Una mañana, había 4500 bañistas en una playa de Benidorm, cada uno de los cuales había extendido su toalla en la arena, para tumbarse sobre ella. Había toallas de tres tamaños: 180 cm × 110 cm, 160 cm × 100 cm y 150 cm × 85 cm. ¿Qué superficie de la playa estaba cubierta con toallas?

☐ Sí lo puedo resolver con estos datos.

☐ No lo puedo resolver con estos datos.

➤ La Gran Pirámide de Keops tiene base cuadrangular y una altura de 146,6 m. ¿Cuál es su volumen?

☐ Sí lo puedo resolver con estos datos.

☐ No lo puedo resolver con estos datos.

➤ Eloísa vive en Madrid y, cada tarde, a las 18:00 h, juega dos partidas de ajedrez a través de Internet con su amigo Nacho, que vive en Santiago de Chile. Las coordenadas geográficas de la casa de Eloísa son, aproximadamente, 40° 24' N 3° 42' O. Nacho no conoce la latitud a la que se encuentra su casa, pero sabe que su longitud es, aproximadamente, 70° 39' O. ¿A qué hora juega Nacho al ajedrez con Eloísa?

☐ Sí lo puedo resolver con estos datos.

☐ No lo puedo resolver con estos datos.

➤ La nota media de un examen de Matemáticas de un grupo de 3.º de ESO, sin incluir la de Omar, quien no pudo asistir al examen, fue de 6,8 puntos. ¿Qué puntuación debe obtener Omar cuando realice el examen para que la nota media del grupo sea de 7 puntos?

☐ Sí lo puedo resolver con estos datos.

☐ No lo puedo resolver con estos datos.

➤ El espacio muestral asociado al experimento consistente en elegir un helado de un congelador, sin mirar el sabor, es Ω = {Chocolate, Fresa, Nata, Turrón, Vainilla}. ¿Cuál es la probabilidad de que el helado elegido sea de turrón?

☐ Sí lo puedo resolver con estos datos.

☐ No lo puedo resolver con estos datos.

➤ En un experimento aleatorio, se consideran los sucesos A = {Blanco, Rojo, Negro, Verde} y $\bar{A}$ = {Amarillo, Azul, Marrón, Naranja}. ¿Cuál es el espacio muestral?

☐ Sí lo puedo resolver con estos datos.

☐ No lo puedo resolver con estos datos.

➤ En un experimento aleatorio, se consideran los sucesos A y B, cuyas probabilidades son 0,35 y 0,78, respectivamente. ¿Cuál es la probabilidad del suceso $A \cup B$?

☐ Sí lo puedo resolver con estos datos.

☐ No lo puedo resolver con estos datos.

3. Lee los siguientes enunciados y escribe, para cada uno de ellos, dos preguntas que puedan contestarse con los datos aportados.

➤ En una carnicería, el precio del kilo de ternera es el triple del precio del kilo de pechuga de pollo. Un cliente compró 2 kg de ternera y 3 kg de pechuga de pollo, gastándose 31,50 €.

Dos posibles preguntas son:

➤ Un autobús sale de Sevilla, con destino París, a las 8:00 h. Tres horas más tarde, sale un coche que realiza el mismo recorrido. La velocidad media del autobús es de 90 km/h y la del coche, de 120 km/h.

Dos posibles preguntas son:

➤ En un examen tipo test, por cada pregunta acertada, se obtienen tres puntos y, por cada pregunta fallada, se restan dos puntos. Lourdes contestó a las 40 preguntas del examen y obtuvo 95 puntos.

Dos posibles preguntas son:

➤ Un depósito tiene tres entradas de agua: la entrada A, la entrada B y la entrada C. Cuando solo se abre la A, el depósito tarda 20 h en llenarse por completo; cuando solo se abre la B, el depósito se llena en 15 h; cuando solo se abre la C, el depósito tarda 10 h en llenarse.

Dos posibles preguntas son:

➤ Sebastián trabajó cierto número de horas en un restaurante y ganó 280 €. Si hubiera trabajado cinco horas más, al mismo precio por hora, habría ganado 320 €.

Dos posibles preguntas son:

➤ Dos números positivos se diferencian en 12 unidades y el producto de ambos es igual a 988.

Dos posibles preguntas son:

➤ En una fábrica de turrón, se forman piezas de 6 kg, que, al día siguiente, cuando están más duras, se cortan en tabletas de 300 g. En una hora, se pueden cortar 40 de estas piezas.

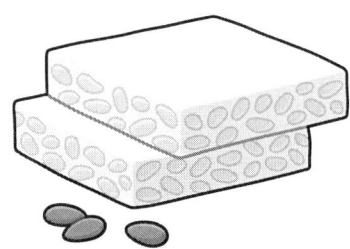

Dos posibles preguntas son:

➤ Carlos ha recorrido 20 km con su bicicleta, cuyas ruedas tienen 30 cm de radio.

Dos posibles preguntas son:

➤ Una cañería recta, de 168 m de largo y 45 cm de diámetro, está llena de agua.

Dos posibles preguntas son:

➤ En una zona rural, se vende una parcela rectangular, de 260 m de largo y 140 m de ancho, a 3,35 €/m².

Dos posibles preguntas son:

➤ Un edificio proyecta una sombra de 9,6 m, en el mismo momento en el que la longitud de la sombra de un buzón de correos es de 48 cm. El buzón mide 1,2 m de altura.

Dos posibles preguntas son:

➤ Una lámpara tiene forma de tronco de cono y su parte lateral está forrada de tela. Mide 20 cm de altura y sus bases tienen un diámetro de 15 cm y 10 cm, respectivamente.

Dos posibles preguntas son:

➤ Mauricio ha decorado un dodecaedro de escayola, pintando cada cara de un color distinto.

Dos posibles preguntas son:

➤ El lado oblicuo de un trapecio rectángulo mide 18 cm y sus bases, 22 cm y 30 cm, respectivamente.

Dos posibles preguntas son:

➤ La Estación Espacial Internacional gira alrededor de la Tierra a una distancia de 400 km de su superficie. El radio de la Tierra mide, aproximadamente, 6371 km.

Dos posibles preguntas son:

➤ Berta tiene 28 fichas de dominó, de 3,5 cm de largo y 1,9 cm de ancho, y quiere colocarlas sobre un tablero cuadrado de 13 cm de lado, sin superponerlas y sin que sobresalgan.

Dos posibles preguntas son:

➤ Por la realización de unas obras en un jardín circular, que estaba completamente sembrado de césped, se han arrancado 21 m^2 de esta hierba, quedando 29,24 m^2 sin arrancar.

Dos posibles preguntas son:

➤ Al poner en marcha un congelador, la temperatura ambiental era de 26 °C. Una vez que el aparato se puso en funcionamiento, la temperatura en su interior fue bajando, a razón de 2 °C cada cinco minutos, hasta que, pasadas dos horas, alcanzó la temperatura mínima.

Dos posibles preguntas son:

➤ El precio de un parking es de 1,65 € por hora o fracción, con un máximo de 15 € al día.

Dos posibles preguntas son:

➤ Una pelota se lanza hacia arriba, en vertical, desde una altura de 2 m. La distancia de la pelota al suelo, medida en metros, dependiendo del tiempo transcurrido desde que se lanzó, expresado en segundos, viene dada por la función $f(t) = -4,9t^2 + 15t + 2$.

Dos posibles preguntas son:

➤ Ainhoa ha obtenido estas notas en los exámenes de Matemáticas realizados durante el curso: 8, 9, 6, 7, 8, 7, 9, 7, 8, 7.

Dos posibles preguntas son:

➤ Salomón saca una canica, al azar, de una caja que contiene cinco canicas blancas y siete rojas.

Dos posibles preguntas son:

➤ Juan tira un dado con forma de dodecaedro, con las caras numeradas del 1 al 12.

Dos posibles preguntas son:

➤ Mateo extrae, al azar, una carta de una baraja española.

Dos posibles preguntas son:

➤ Un jugador de la selección española de baloncesto, que encesta el 85 % de los tiros libres, se dispone a lanzar uno.

Dos posibles preguntas son:

> ➤ El espacio muestral asociado a cierto experimento aleatorio es $\Omega = \{a, b, c, d, e, f, g, h, i, j, k, 1, 2, 3, 4\}$. Se consideran los sucesos $A = \{a, b, c, d, e, 1, 2, 3, 4\}$ y $B = \{a, d, e, f, g, h, 2, 4\}$.

Dos posibles preguntas son:

> ➤ Valentín ha hecho girar 100 veces una ruleta, formada por tres colores, y ha obtenido los siguientes resultados: azul, 30 veces; rojo, 60 veces; verde, 10 veces.

Dos posibles preguntas son:

4. Escribe un enunciado adecuado para cada una de las siguientes preguntas.

> ➤ ¿Cuál es la probabilidad de que Mercedes obtenga una cara en una moneda y una cruz en la otra?

Un posible enunciado es:

> ➤ ¿Cuál es la probabilidad de que Jimena saque el 3 de copas?

Un posible enunciado es:

> ➤ ¿Cuál es la probabilidad de que la suma de las puntuaciones obtenidas en cada uno de los tres dados sea igual a 12?

Un posible enunciado es:

> ➤ ¿Cuál es la probabilidad de que Celso saque la bola blanca y deje las nueve negras en la urna?

Un posible enunciado es:

5. Lee los siguientes enunciados e indica qué datos no son necesarios para resolver cada problema, si es que los hay. Explica la razón.

> ➤ En un instituto hay 920 estudiantes. La semana pasada, 2/5 del total de los alumnos se fueron de excursión, repartidos en seis autobuses de 65 plazas cada uno. De los alumnos que fueron de excursión, las tres cuartas partes se fueron a la sierra y, del resto, la mitad se fue a la playa y la otra mitad a un museo. ¿Cuántos alumnos se fueron de excursión a la sierra?

> La tercera parte de los alumnos de una autoescuela tienen menos de 23 años y, de ellos, 2/9 suspendieron el examen teórico. Sabiendo que 56 alumnos menores de 23 años aprobaron este examen, ¿cuántos alumnos menores de 23 años hay en la autoescuela?

> Una emprendedora ha invertido 35 000 € en un nuevo negocio, repartidos en varios conceptos: 1/28 para el alquiler del local, 1/7 para el equipamiento (mesas, sillas, ordenadores...), 3/28 para los gastos administrativos («papeleo», impuestos...), 3/140 para los gastos de suministro (luz, agua, teléfono...) y el resto, para la compra de los artículos que va a comercializar. ¿Cuánto dinero se ha gastado en cada uno de estos conceptos?

> La suma de un número y su doble es igual a 15, mientras que la suma de ese mismo número y su cuadrado es igual a 30. ¿De qué número se trata?

6. Lee las siguientes frases y escribe la expresión algebraica que describe cada una de ellas, como se muestra en el ejemplo.

Ejemplo:
El doble de la edad que tendré dentro de cuatro años:
$$2(x + 4)$$

> La suma del cuadrado de un número y su doble.

> El producto de dos números consecutivos.

- ➤ La suma de tres números consecutivos.

- ➤ La suma de dos números pares consecutivos.

- ➤ El producto de dos números impares consecutivos.

- ➤ La diferencia entre el triple de un número y su cubo.

- ➤ La mitad de la suma de un número y su quíntuple.

- ➤ Siete veces la séptima potencia de un número, más 7.

- ➤ Siete veces la suma de la séptima potencia de un número y 7.

- ➤ La diferencia entre la tercera parte de un número y 2.

- ➤ La tercera parte de la diferencia entre un número y 2.

- ➤ La cuarta potencia de la suma del cuadrado de un número y su triple.

- ➤ La suma de las dos cifras de un número, siendo una el doble de la otra.

- ➤ El dinero que tendré dentro un mes, ahorrando cada día la misma cantidad.

- ➤ La superficie de un rectángulo que tiene el doble de largo que de ancho.

- ➤ El precio de un pantalón, después de descontarle la cuarta parte.

- ➤ El número de sillas que hay en un salón de celebraciones, sabiendo que hay ocho sillas en cada mesa y otras 20 apiladas en el almacén.

- ➤ Los ingresos de una familia formada por dos personas que cobran lo mismo y otra que trabaja media jornada y gana la mitad.

- ➤ La distancia que queda por recorrer, cuando se han recorrido 150 km.

- ➤ La altura de un edificio de 14 pisos iguales y una planta baja de 6 m.

- ➤ La diferencia entre las superficies de dos cuadrados, si el lado de uno de ellos mide 8 m más que el lado del otro.

➤ El número total de páginas de cinco libros iguales, cuatro que tienen la tercera parte y otro que tiene el doble.

➤ El volumen de una caja que tiene el triple de largo que de ancho y el triple de alto que de largo.

➤ El número de asientos de un cine que tiene, en cada fila, 10 butacas más que el número total de filas.

➤ La medida del marco de un cuadro cuyo largo es 1,3 veces el ancho.

➤ La distancia recorrida por un coche tras varias horas viajando a 120 km/h.

➤ La hipotenusa de un triángulo rectángulo isósceles.

➤ La diferencia entre el doble de la edad que tendré dentro de tres años y la que tenía hace nueve años.

➤ La nota media de tres exámenes, si la del segundo es un punto mayor que la del primero y la del tercero es dos puntos menor que la del primero.

7. Algunos de estos enunciados contienen alguna información sin sentido (puede ser la pregunta, algún dato, la forma en que están escritos...). Identifica cuáles son los errores en cada caso y razona por qué.

➤ El participante que ocupa la primera posición en un maratón ha recorrido 6/7 de los 42 km, mientras que el segundo lleva 7/8. ¿Cuánto le queda a cada uno para llegar a la meta?

¿Dónde está el fallo?

➤ La quinta parte de los asistentes a un concierto de rock son mayores de 35 años y la sexta parte son menores de 20. Si en total han asistido 740 personas, ¿cuántas de ellas tienen entre 20 y 35 años?

¿Dónde está el fallo?

➤ Una madre le dice a su hijo: tengo el quíntuple de la edad que tú tenías el año pasado y la tercera parte de la edad que tenía hace ocho. ¿Cuál es la edad de la madre? ¿Y la del hijo?

¿Dónde está el fallo?

➤ En el puerto de una ciudad, cada día se descargan 1200 contenedores Dry Van de dimensiones estándar: 20 pies de largo (6,10 m), ocho pies de ancho (2,44 m) y ocho pies y seis pulgadas de alto (2,62 m). El peso bruto máximo de estos contenedores es de 30 480 kg. ¿Cuál es la densidad máxima de estos contenedores? ¿Cuál es el volumen que diariamente se descarga en este puerto?

¿Dónde está el fallo?

➤ Cada año, una asociación cultural premia a un escritor por su labor durante ese período. El escritor J. Rodríguez ha ganado el premio cuatro veces y el escritor M. Galindo, seis. Los miembros de la asociación pronostican que, dentro de ocho años, los dos escritores habrán doblado su palmarés. Si se cumple este pronóstico, ¿cuántas veces habrá conseguido el premio cada uno de estos dos escritores?

¿Dónde está el fallo?

➤ En una circunferencia de radio igual a 14 cm, se ha inscrito un cuadrado cuya diagonal mide 30 cm. Calcula la superficie de la zona que queda entre ambas figuras.

¿Dónde está el fallo?

➤ Los vértices de un triángulo son los puntos A, B y C. La bisectriz correspondiente al vértice A corta al lado BC en un punto P, mientras que la altura correspondiente al vértice B corta a este lado en un punto Q, distinto de los anteriores. Si $AB = 10$ cm, $BC = 12$ cm y $AC = 14$ cm, ¿cuánto mide la longitud del segmento PQ?

¿Dónde está el fallo?

> La parte superior de una torre tiene forma de pirámide de base hexagonal. La altura de esta pirámide es de 7 m, el lado de la base mide 4 m y la apotema de la pirámide, 6 m. ¿Cuál es su superficie lateral?

¿Dónde está el fallo?

> Desde un avión se ven dos ciudades, separadas entre sí por 12 km. La distancia del avión a las ciudades, en línea recta, es de 40 km y 60 km, respectivamente. ¿A qué altura se encuentra el avión?

¿Dónde está el fallo?

> Las coordenadas geográficas de un punto de la ciudad de Luanda (Angola), situada en el hemisferio norte, son 8º 51' S 13º 15' E, y las de un punto de la ciudad de Washington (Estados Unidos), también del hemisferio norte, son 38º 54' N 77º 02' O. ¿Cuál es la diferencia horaria entre estos dos puntos?

¿Dónde está el fallo?

> La función que expresa el número de kilocalorías diarias consumidas por Leonardo, a lo largo del mes de abril, es simétrica respecto de una recta vertical y estrictamente decreciente. El día 1 de abril, Leonardo consumió 1950 kcal. ¿Cuántas consumió el 30 de abril?

¿Dónde está el fallo?

> La altura a la que se encuentra un globo aerostático, en función del tiempo, viene dada por una función cuadrática con coeficientes positivos. La duración del vuelo es de cuatro horas y finaliza su recorrido en el mismo punto en el que lo inicia, una playa. ¿En qué momento alcanza el globo la mayor altura?

¿Dónde está el fallo?

> La cantidad de bombones elaborados cada día en una fábrica de chocolate, en función del número total de horas invertidas por todos los trabajadores, viene dada por la función:

$$f(x) = \frac{20\,000}{x^2 + 1}$$

Si fabricar cada bombón le cuesta 0,21 € y el precio de venta es de 0,35 €, ¿cuál es la función que permite expresar los beneficios diarios de la fábrica, dependiendo del número total de horas de trabajo?

¿Dónde está el fallo?

> El número de viviendas que vende una inmobiliaria durante un año, dependiendo de cuántos comerciales trabajen en ella, viene dado por la función:

$$f(x) = \frac{-x^2 + 5x + 1}{4}$$

¿Cuántos comerciales se deben contratar para conseguir vender el mayor número posible de viviendas?

¿Dónde está el fallo?

8. Observa la resolución de cada uno de los siguientes problemas y completa los huecos que hay en sus enunciados.

➢ Un autobús sale de _____ con destino Zaragoza a la misma hora que un coche que realiza el recorrido inverso. La velocidad media del autobús es de _____ y la del coche, de _____. La distancia entre _____ y Zaragoza es de _____. ¿Cuánto tiempo tardan en _____? ¿A qué distancia de _____ se encuentran en ese momento?

La distancia a la que se encuentra el autobús de Madrid, dependiendo del tiempo (t), viene dada por la expresión $94t$, y la distancia del coche a esta misma ciudad, por $314 - 115t$.

Puesto que, cuando se cruzan, están los dos a la misma distancia de Madrid, en ese momento debe cumplirse la igualdad $94t = 314 - 115t$, que es una ecuación de primer grado en la incógnita t. Resolviendo esta ecuación, resulta:

$$94t = 314 - 115t \rightarrow 209t = 314 \rightarrow t = \frac{314}{209} \rightarrow t = 1,502392... \approx 1,5$$

Esto significa que tardan, aproximadamente, una hora y media en cruzarse.

Para saber a qué distancia de Madrid se encuentran en ese momento, sustituimos y operamos: $94 \cdot 1,5 = 141$

Solución: tardan en cruzarse una hora y media aproximadamente, momento en el que se encuentran a 141 km de Madrid.

➢ Una alberca tenía, inicialmente, _____ de agua. _____ se gastaron _____ partes de esa agua y _____, la _____ parte de _____. ¿Cuántos _____ de agua quedan hoy en la alberca?

En primer lugar, calculamos la cantidad de agua que se gastó anteayer:

$$\frac{2}{5} \text{ de } 270 = \frac{2}{5} \cdot 270 = \frac{2 \cdot 270}{5} = 2 \cdot 54 = 108 \, \text{m}^3$$

Entonces, después del gasto de anteayer, quedaban 162 m³, puesto que $270 - 108 = 162$.

Ahora, calculamos cuánto se gastó ayer:

$$\frac{1}{6} \text{ de } 162 = \frac{1}{6} \cdot 162 = \frac{1 \cdot 162}{6} = 27 \, \text{m}^3$$

Así pues, hoy quedan 135 m³, ya que $162 - 27 = 135$.

Por último, convertimos los metros cúbicos en litros:

$$135 \text{ m}^3 = 135\,000 \text{ L}$$

Solución: hoy quedan 135 000 L de agua en la alberca.

➢ En un bar se sirven cervezas de dos tamaños: las cañas, en vaso pequeño, y las jarras, que son más grandes. Con un barril de 25 L pueden llenarse _____ cañas y _____ jarras, mientras que con un barril de _____ L pueden servirse _____ cañas y _____ jarras. ¿Qué capacidad tienen los vasos de cañas? ¿Y las jarras? Expresa los resultados en _____.

Si llamamos x a la capacidad (en litros) de los vasos de cañas e y a la capacidad (también en litros) de las jarras, con los datos del enunciado, podemos plantear el siguiente sistema:

$$\begin{cases} 92x + 60y = 25 \\ 105x + 75y = 30 \end{cases}$$

Simplificando la segunda ecuación (dividiendo por 15 todos sus términos) y resolviendo el sistema por el método de sustitución, tenemos:

$$\begin{cases} 92x + 60y = 25 \\ 7x + 5y = 2 \end{cases} \rightarrow \begin{cases} 92x + 60y = 25 \\ y = \dfrac{-7x + 2}{5} \end{cases} \rightarrow 92x + 60 \cdot \dfrac{-7x + 2}{5} = 25$$

$$\rightarrow 92x + 12(-7x + 2) = 25 \rightarrow$$

$$92x - 84x + 24 = 25 \rightarrow 8x = 1 \rightarrow x = \dfrac{1}{8} = 0{,}125$$

$$y = \frac{-7 \cdot 0,125 + 2}{5} = 0,225$$

Finalmente, expresamos los resultados obtenidos en la unidad indicada en el enunciado:

0,125 L = 125 ml

0,225 L = 225 ml

Solución: los vasos de cañas tienen una capacidad de 125 ml y las jarras, de 225 ml.

> Calcula _____ que tiene _____ que el ortoedro de dimensiones _____ × _____ × _____.

En primer lugar, calculamos el volumen del ortoedro:

$V = 4 \cdot 10 \cdot 12 = 480 \text{ cm}^3$

Ahora, como la esfera cuyo radio pretendemos determinar debe tener el mismo volumen que este cuerpo geométrico, llamando r al radio y teniendo en cuenta la fórmula que permite hallar el volumen de la esfera, resulta:

$$\frac{4\pi r^3}{3} = 480 \rightarrow r^3 = \frac{480 \cdot 3}{4 \cdot 3,14} \rightarrow r^3 = 114,65 \rightarrow r = \sqrt[3]{114,65} \rightarrow r = 4,86$$

(Hemos tomado 3,14 como aproximación del número π)

Solución: el radio de la esfera mide 4,86 cm.

> Un transportista dispone de una furgoneta, cuyo interior mide _____ de largo, _____ de ancho y 2 _____. Quiere introducir en ella una _____, recta e inflexible, de muy poco grosor y de _____ de longitud. ¿Le será posible _____?

Para saber si la barra de acero cabe en el interior de la furgoneta, que tiene forma de ortoedro, calculamos su diagonal, d, usando el teorema de Pitágoras en tres dimensiones:

$$d^2 = 4,5^2 + 1,8^2 + 2^2 \rightarrow d^2 = 27,49 \rightarrow d = \pm\sqrt{27,49} \rightarrow d = \pm 5,24$$

Descartando la solución negativa, por tratarse de una longitud, resulta que la diagonal del interior de la furgoneta mide 5,24 m. Puesto que esta longitud es 26 cm inferior a la de la barra de acero, no le será posible meterla en la furgoneta, ya que no cabe manteniéndose recta y no puede doblarse, al ser inflexible.

Solución: no le será posible meter la barra de acero en la furgoneta, porque su longitud excede en 26 cm a la mayor longitud que puede caber.

➢ La galleta de un _____ de helado mide _____ de altura y el contorno circular tiene un diámetro de _____. ¿Cuál es la _____? ¿Qué _____, si se llena justo hasta el borde, sin que _____?

La superficie de galleta empleada en la fabricación del cucurucho se corresponde con el área lateral del cono, que puede calcularse usando la fórmula $A_L = \pi \cdot r \cdot g$.

Para hallar la generatriz, aplicamos el teorema de Pitágoras, teniendo en cuenta que la altura, el radio y la generatriz forman un triángulo rectángulo, siendo esta la hipotenusa. Así, puesto que el radio es igual a la mitad del diámetro, resulta:

$$g^2 = h^2 + r^2 \rightarrow g^2 = 15^2 + 3^2 \rightarrow g^2 = 234 \rightarrow g = \pm\sqrt{234} \rightarrow g = \pm15,3$$

Descartando la solución negativa, por tratarse de una longitud, tenemos que $g = 15{,}3$ cm. Entonces:

$$A_L = 3{,}14 \cdot 3 \cdot 15{,}3 = 144{,}13 \text{ cm}^2$$

(Hemos tomado 3,14 como aproximación del número π)

Por otro lado, la cantidad de helado que cabe en el cucurucho, sin que sobresalga, se corresponde con el volumen del cono:

$$V = \frac{A_{BASE} \cdot h}{3} = \frac{\pi \cdot r^2 \cdot h}{3} = \frac{3{,}14 \cdot 3^2 \cdot 15}{3} = 141{,}3 \text{ cm}^3$$

(De nuevo, hemos usado 3,14 como aproximación del número π)

Solución: en la fabricación del cucurucho se han empleado 144,13 cm² de galleta. Si se llena hasta el borde, sin que sobresalga, en él caben 141,3 cm³ de helado.

➢ Un depósito de agua tiene forma de _____, mide _____ de altura y el área de su base es de _____. El número de litros de agua que contiene, dependiendo del nivel alcanzado por ella en su interior, x, medido en _____, viene dado por la función $f(x)$. Determina el _____ y _____ de $f(x)$.

Puesto que el depósito mide 5 m de altura, el nivel del agua en su interior no puede superar esta cantidad. Asimismo, este nivel no puede ser negativo. Por tanto, el dominio de la función es: $D(f) = [0, 5]$

Para obtener la expresión algebraica de $f(x)$, usamos la fórmula que permite calcular el volumen de un prisma: $V = A_b \cdot h$

Teniendo en cuenta el dato del enunciado y que estamos usando la letra x para denotar el nivel alcanzado por el agua, expresado en metros, resulta que el volumen de agua dentro del depósito, dependiendo del nivel alcanzado, es: $V(x) = 7x$

Observemos, no obstante, que esta expresión no proporciona los litros de agua que contiene el depósito, sino los metros cúbicos que esta ocupa. Por ello, dado que 1 m³ es equivalente a 1000 L, multiplicamos la fórmula anterior por 1000 y obtenemos la expresión algebraica pedida: $f(x) = 1000 \cdot 7x = 7000x$

Solución: el dominio de la función es $D(f) = [0, 5]$ y su expresión algebraica, $f(x) = 7000x$.

9. Lee el siguiente enunciado e indica si las frases que aparecen a continuación son verdaderas (V), falsas (F) o si el enunciado no da información suficiente para saberlo (NS). Posteriormente, justifica las respuestas.

Los ingresos semanales de un restaurante ascienden a 7000 €. Los trabajadores tienen un sueldo bruto de 1600 € mensuales y el propietario percibe 2800 € netos por su trabajo. Una parte de los ingresos se destina a pagar impuestos, a reponer los productos de consumo y a abonar el suministro de gas, electricidad, agua, teléfono, etc. y, el resto, que es una décima parte, queda en depósito, para imprevistos y para reinvertirlo en el futuro.

	V	F	NS
1. El restaurante ingresa unos 1000 € diarios	◯	◯	◯
2. El restaurante ingresa más de 28 000 € al mes	◯	◯	◯
3. En el restaurante trabajan más de dos personas	◯	◯	◯
4. El salario de los trabajadores no es justo, en comparación con el sueldo del propietario	◯	◯	◯
5. En el restaurante no pueden trabajar más de 20 personas	◯	◯	◯
6. Cada semana, se destinan 700 € a pagar impuestos, reponer los productos de consumo y abonar suministros varios	◯	◯	◯
7. Cada semana, quedan en depósito más de 700 €	◯	◯	◯

PARA PLANIFICAR LA RESOLUCIÓN DEL PROBLEMA

10. Relaciona cada planteamiento con el enunciado adecuado. Ten en cuenta que un mismo planteamiento puede servir para varios enunciados y que un mismo enunciado puede tener diferentes planteamientos.

$\boxed{1}$ $(x - 2)(x + 2) = 96$

$\boxed{2}$ $\begin{cases} x - y = 4 \\ xy = 96 \end{cases}$

$\boxed{3}$ $2(x + 35) = 96$

$\boxed{4}$ $x(35 - x) = 96$

$\boxed{5}$ $96 + x = 2(35 + x)$

$\boxed{6}$ $x^2 - 4 = 96$

$\boxed{7}$ $\begin{cases} x + y = 35 \\ xy = 96 \end{cases}$

$\boxed{8}$ $x(x - 4) = 96$

☐ El producto de las edades de un padre y un hijo es igual a 96 y la suma es 35. ¿Cuáles son sus edades?

☐ Dos números se diferencian en cuatro unidades y su producto es igual a 96. ¿Cuáles son esos números?

☐ Si se multiplica la edad que tenía Julio hace dos años por la que tendrá dentro de dos años, sale 96. ¿Qué edad tiene Julio ahora?

☐ Daniel tiene 35 años. Si multiplicamos la edad que tenía hace unos años por el número de años que han pasado desde que tenía esa edad, sale 96. ¿Cuántos años han pasado desde que tenía esa edad?

☐ Si a un número se le suma 35 y el resultado se multiplica por 2, sale 96. ¿Cuál es ese número?

☐ Jair tiene dos años más que Isabel y dos años menos que Marina. El producto de las edades de Isabel y Marina es igual a 96. ¿Qué edad tiene Jair?

☐ Si a 96 se le suma cierto número, da el doble del resultado de sumar dicho número y 35. ¿De qué número se trata?

☐ En una excursión, hay un total de 35 estudiantes de 3.º de ESO. Si multiplicamos el número de estudiantes que tienen 14 años por el número de estudiantes que tienen 15 años, resulta 96. Sabiendo que hay más estudiantes de 15 años que de 14, ¿cuántos estudiantes hay de cada edad?

☐ Rubén, que trabaja en un bar a media jornada, normalmente gana 35 € por cada día de trabajo, más las propinas. Sin embargo, algunos días trabaja a tiempo completo, y el jefe le dobla el sueldo y las propinas. Un día que trabajó a tiempo completo ganó 96 €. ¿Cuánto recibió de propina ese día?

11. A continuación, se muestra la resolución de varios problemas, pero los pasos seguidos están desordenados. Lee detenidamente los enunciados y las diferentes partes de la resolución y numera los pasos dados, para que queden ordenados correctamente.

➤ En un garaje hay dos tipos de vehículos: camiones, de seis ruedas, y furgonetas, de cuatro ruedas. En total, hay 17 vehículos y 92 ruedas. ¿Cuántos camiones y cuántas furgonetas hay en el garaje?

☐ Por tanto, tenemos el siguiente sistema de ecuaciones:

$$\begin{cases} x + y = 17 \\ 6x + 4y = 92 \end{cases}$$

☐ Del mismo modo, como hay y furgonetas y cada una de ellas tiene cuatro ruedas, el número total de ruedas de furgoneta es $4y$.

☐ Por último, sustituimos el valor hallado de la incógnita y en una de las ecuaciones del sistema (la primera, que es más sencilla) y calculamos la otra incógnita:

$$x + y = 17 \rightarrow x + 5 = 17 \rightarrow x = 12$$

☐ Llamamos x al número de camiones e y al número de furgonetas. Así, como en total hay 17 vehículos, tiene que cumplirse la relación $x + y = 17$.

☐ **Solución:** En el garaje hay 12 camiones y cinco furgonetas.

☐ Vamos a resolver el sistema por el método de reducción, para lo cual multiplicamos todos los coeficientes de la primera ecuación por 3 (para conseguir el mismo coeficiente en la x) y, posteriormente, restamos las dos ecuaciones (para que desaparezca la incógnita x). Así, resulta:

$$\begin{cases} x + y = 17 \\ 3x + 2y = 46 \end{cases} \rightarrow -\begin{cases} 3x + 3y = 51 \\ 3x + 2y = 46 \end{cases}$$
$$\overline{\qquad y = 5 \qquad}$$

☐ Así pues, como en total hay 92 ruedas, tiene que cumplirse la ecuación $6x + 4y = 92$.

☐ Por otro lado, como cada camión tiene seis ruedas y hay x camiones, el número total de ruedas de camión es $6x$.

☐ Antes de resolverlo, simplificamos la segunda ecuación, dividiendo todos los coeficientes por 2, resultando:

$$\begin{cases} x + y = 17 \\ 3x + 2y = 46 \end{cases}$$

➢ Jacinto nació cuando su padre tenía 30 años. Si se dividen las edades que tendrán dentro de 11 años, sale 3. ¿Cuáles son sus edades actuales?

☐ Entonces, la edad actual del padre es 34, puesto que tiene 30 años más que Jacinto.

☐ De este modo, dentro de 11 años, la edad de Jacinto será $x + 11$, mientras que la de su padre será $30 + x + 11$, es decir, $x + 41$.

☐ Para resolver la ecuación, en primer lugar, «pasamos multiplicando» el denominador de la fracción del primer miembro, resultando:

$$x + 41 = 3(x + 11)$$

Se trata de una ecuación de primer grado.

☐ **Solución:** Actualmente, Jacinto tiene cuatro años y su padre, 30.

☐ Entonces, la edad actual del padre es $30 + x$.

☐ Como, al dividir las edades que tendrán dentro de 11 años, resulta 3, podemos plantear la siguiente ecuación:

$$\frac{x + 41}{x + 11} = 3$$

☐ Llamamos x a la edad actual de Jacinto.

☐ Resolviendo la ecuación, tenemos:

$$x + 41 = 3(x + 11) \ \rightarrow \ x + 41 = 3x + 33 \ \rightarrow \ 2x = 8 \ \rightarrow \ x = \frac{8}{2} \ \rightarrow \ x = 4$$

Esto significa que actualmente Jacinto tiene cuatro años.

➢ Bernardo, Rafa y Pepe han participado en una campaña de «crowdfunding» promovida por un cirujano austríaco. Bernardo ha aportado la tercera parte de lo que ha dado Rafa y este ha puesto cinco veces lo que Pepe. Entre los tres, han donado 575 €. ¿Cuánto dinero ha aportado cada uno a la campaña del cirujano?

☐ Dado que entre los tres han cedido 575 €, podemos plantear la ecuación:

$$\frac{5x}{3} + 5x + x = 575$$

☐ **Solución:** Bernardo ha aportado 125 €; Rafa, 375 €, y Pepe, 75 €.

☐ Entonces, la aportación de Rafa es $5x$.

☐ Realizando las correspondientes operaciones, resulta:

$$5x = 5 \cdot 75 = 375$$

$$\frac{5x}{3} = \frac{375}{3} = 125$$

Estas son las cantidades respectivamente donadas por Rafa y Bernardo.

☐ Y, en consecuencia, la contribución de Bernardo es: $\frac{5x}{3}$

☐ Llamamos x a la cantidad que ha donado Pepe.

☐ Resolviendo la ecuación, tenemos:

$$\frac{5x}{3} + 5x + x = 575 \rightarrow 3 \cdot \left(\frac{5x}{3} + 5x + x \right) = 3 \cdot 575 \rightarrow$$

$$5x + 15x + 3x = 1725 \rightarrow 23x = 1725 \rightarrow x = \frac{1725}{23} \rightarrow x = 75$$

Esto significa que Pepe ha colaborado con 75 €.

➤ Una cámara frigorífica con forma de ortoedro tiene una capacidad de 42 000 L. Si mide 4 m más de largo que de ancho y 1 m menos de alto que de ancho, ¿cuáles son sus dimensiones?

☐ Para resolver la ecuación cúbica, factorizamos, usando el método de Ruffini, y aplicamos la fórmula correspondiente a la ecuación de segundo grado:

$$\begin{array}{r|rrr} & 1 & 3 & -4 & -42 \\ 3 & & 3 & 18 & 42 \\ \hline & 1 & 6 & 14 & \boxed{0} \end{array} \rightarrow (x-3)(x^2 + 6x + 14) = 0$$

$$x = \frac{-6 \pm \sqrt{6^2 - 4 \cdot 1 \cdot 14}}{2 \cdot 1} = \frac{-6 \pm \sqrt{36 - 56}}{2} = \frac{-6 \pm \sqrt{-20}}{2}$$

☐ Antes de responder a la pregunta, comprobamos que la solución obtenida es válida.

En efecto, la cámara frigorífica tiene 4 m más de largo que de ancho, puesto que $3 + 4 = 7$. Asimismo, su altura es 1 m menos que su anchura, ya que $3 - 1 = 2$.

Finalmente, el volumen es $V = 3 \cdot 7 \cdot 2 = 42$ m³, valor que coincide con el dato del enunciado.

☐ Operando y trasponiendo, tenemos:

$$x(x+4)(x-1) = 42 \rightarrow x(x^2 + 3x - 4) - 42 = 0 \rightarrow$$

$$x^3 + 3x^2 - 4x - 42 = 0$$

☐ **Solución:** La cámara frigorífica mide 3 m de ancho, 7 m de largo y 2 m de alto.

☐ Ahora, llamamos x a la anchura de la cámara frigorífica.

☐ En cuanto a las otras medidas de la cámara frigorífica, tenemos:

— La largura es: $x + 4 = 3 + 4 = 7$ m

— La altura es: $x - 1 = 3 - 1 = 2$ m

☐ Teniendo en cuenta la fórmula que permite calcular el volumen de un ortoedro y el dato del enunciado, resulta la ecuación:

$$x\,(x + 4)(x - 1) = 42$$

☐ En primer lugar, expresamos el dato del enunciado en unidades cúbicas:

$$42\,000 \text{ L} = 42 \text{ m}^3$$

☐ Puesto que aparece la raíz cuadrada de un número negativo, la ecuación de segundo grado no tiene soluciones reales y, en consecuencia, la única solución de la ecuación cúbica es $x = 3$.

☐ Entonces, por las condiciones del enunciado, la largura de la cámara frigorífica es $x + 4$ y la altura, $x - 1$.

☐ Por tanto, la cámara frigorífica tiene una anchura de 3 m.

➤ Una parte de un examen consta de cuatro preguntas, en las que se debe marcar «V» o «F», según sus enunciados sean verdaderos o falsos. Para superar esta parte del examen, no puede haber más de una respuesta errónea. Como Ariadna no conoce la respuesta a ninguna de estas preguntas, marca al azar una letra en cada una de ellas. ¿Cuál es la probabilidad de que Ariadna supere esta parte del examen?

☐ Para hallar el número de casos favorables, hemos de tener en cuenta que, según el enunciado, Ariadna supera esta parte del examen si no falla en más de una pregunta. Existen, pues, dos posibilidades: que Ariadna acierte todas las preguntas o que falle solo una.

☐ Denotamos por una secuencia de cuatro letras las respuestas dadas por Ariadna. Así, por ejemplo, la secuencia VVFV significaría que Ariadna responde que las dos primeras preguntas son verdaderas; la tercera, falsa y la cuarta, verdadera.

☐ Ahora bien, puesto que cada pregunta tiene una sola respuesta correcta, hay un único caso favorable a que Ariadna acierte todas las preguntas, mientras que, para que tenga un solo fallo, hay cuatro posibilidades: que falle solo en la primera pregunta, solo en la segunda, solo en la tercera o solo en la cuarta.

☐ Como Ariadna contesta a las preguntas al azar, en cada una de ellas es igual de probable que marque una «V» o una «F», por lo que los sucesos elementales que componen el espacio muestral son equiprobables.

☐ De este modo, vemos que hay un total de cinco casos favorables a que Ariadna supere esta parte del examen.

☐ **Solución:** La probabilidad de que Ariadna supere esta parte del examen es igual a 0,3125.

☐ Así pues, necesitamos determinar el número de casos favorables y dividirlo por 16, que es el número de casos posibles (el espacio muestral está formado por 16 elementos).

☐ En consecuencia, aplicando la regla de Laplace, resulta que la probabilidad pedida es:

$$P = \frac{\text{Número de casos favorables}}{\text{Número de casos posibles}} = \frac{5}{16} = 0,3125$$

☐ Entonces, podemos aplicar la regla de Laplace para calcular la probabilidad pedida.

☐ Con esta notación, el espacio muestral, es decir, la lista de todas las maneras posibles de responder a esta parte del examen es:

$\Omega = \{$ VVVV, VVVF, VVFV, VVFF, VFVV, VFVF, VFFV, VFFF, FVVV, FVVF, FVFV, FVFF, FFVV, FFVF, FFFV, FFFF $\}$

12. Analiza la resolución de los siguientes problemas. Identifica las alternativas correctas y justifica por qué.

> El día 10 de marzo, un trabajador pidió a su jefe un anticipo de su sueldo, que era de 1260 € al mes. El jefe accedió y le dio una séptima parte de su salario mensual. Sin embargo, el día 22 del mismo mes, tuvo que pedir otro anticipo, y el jefe le entregó la cuarta parte del resto de su sueldo. El último día del mes, el trabajador recibió lo que le quedaba por cobrar. ¿Cuánto cobró ese día?

Para hallar la cantidad correspondiente al primer anticipo, calculamos:

$$\frac{1}{7} \text{ de } 1260 = \frac{1 \cdot 1260}{7} = 180$$

Para saber cuánto cobró en el segundo anticipo, calculamos la cuarta parte de:

— El resultado anterior.

— Su sueldo.

— Lo que le quedaba por cobrar, que es 1080, porque 1260 − 180 = 1080.

El resultado de esta operación es:

— $\frac{1}{4}$ de $180 = \frac{1 \cdot 180}{4} = 45$

— $\frac{1}{4}$ de $1080 = \frac{1 \cdot 1080}{4} = 270$

— $\frac{1}{4}$ de $1260 = \frac{1 \cdot 1260}{4} = 315$

De este modo, entre los dos anticipos, recibió:

— $180 + 270 = 450$

— $180 + 315 = 495$

— $180 + 45 = 225$

Por tanto, para saber cuánto cobró el último día del mes, restamos:

— $1260 - 495 = 765$

— $1260 - 225 = 1035$

— $1260 - 450 = 810$

Solución: el último día del mes, recibió 1035 € / 810 € / 765 €.

➢ Si el lado de un cuadrado aumenta en 1 cm, su superficie aumenta en 6 cm². ¿Cuánto mide el lado del cuadrado?

Si denotamos por x el lado del cuadrado original, el lado que se obtiene al aumentarlo en 1 cm se puede escribir como $x + 1$, por lo que la nueva figura obtenida es:

— Un rectángulo de $x + 1$ cm de largo y x cm de ancho.

— Un cuadrado de $x + 1$ cm de lado.

Por tanto, la nueva superficie viene dada por:

— $(x + 1)^2$

— $x(x + 1)$

Como la superficie del cuadrado original es igual a x^2 y la nueva superficie es 6 cm² mayor que la del cuadrado original, resulta que la nueva superficie puede escribirse como $x^2 + 6$.

Entonces, igualando las dos expresiones que tenemos de la misma cantidad, podemos plantear la siguiente ecuación:

— $x(x + 1) = x^2 + 6$

— $(x + 1)^2 = x^2 + 6$

Quitando paréntesis, simplificando y resolviendo la ecuación, resulta:

— $(x+1)^2 = x^2 + 6 \rightarrow \cancel{x^2} + 2x + 1 = \cancel{x^2} + 6 \rightarrow 2x = 5 \rightarrow x = \dfrac{5}{2} \rightarrow x = 2,5$

— $x(x+1) = x^2 + 6 \rightarrow \cancel{x^2} + x = \cancel{x^2} + 6 \rightarrow x = 6$

Solución: el lado del cuadrado original mide 2,5 cm / 6 cm.

13. Lee detenidamente el enunciado y la resolución del siguiente problema y selecciona los pasos que corresponden al procedimiento correcto para resolverlo.

Un número tiene dos cifras, cuya suma es igual a 12. Además, la cifra de las unidades es igual al cuadrado de la cifra de las decenas. ¿Cuál es el número?

Llamamos x a la cifra de las decenas e y a la cifra de las unidades. Entonces, como la suma de las cifras es igual a 12, tenemos la siguiente ecuación:

☐ $x + y = 12$

☐ $x = y + 12$

Por otro lado, como la cifra de las unidades es igual al cuadrado de la cifra de las decenas, tenemos la siguiente ecuación:

☐ $x = y^2$

☐ $y = x^2$

De este modo, resulta el sistema:

☐ $\begin{cases} x + y = 12 \\ x = y^2 \end{cases}$

☐ $\begin{cases} y = x + 12 \\ x = y^2 \end{cases}$

☐ $\begin{cases} x + y = 12 \\ y = x^2 \end{cases}$

☐ $\begin{cases} y = x + 12 \\ y = x^2 \end{cases}$

Sustituyendo en la primera ecuación la incógnita despejada en la segunda, llegamos a la siguiente ecuación de segundo grado:

☐ $y = y^2 + 12 \rightarrow y^2 - y + 12 = 0$

☐ $x + x^2 = 12 \rightarrow x^2 + x - 12 = 0$

☐ $y^2 + y = 12 \rightarrow y^2 + y - 12 = 0$

☐ $x^2 = x + 12 \rightarrow x^2 - x - 12 = 0$

Aplicando la fórmula para resolver ecuaciones de segundo grado, resulta:

☐ $y = \dfrac{-1 \pm \sqrt{1^2 - 4 \cdot 1 \cdot (-12)}}{2 \cdot 1} = \dfrac{-1 \pm \sqrt{1 + 48}}{2} = \dfrac{-1 \pm 7}{2} \begin{array}{l} \nearrow y = 3 \\ \searrow y = -4 \end{array}$

☐ $y = \dfrac{1 \pm \sqrt{(-1)^2 - 4 \cdot 1 \cdot 12}}{2 \cdot 1} = \dfrac{1 \pm \sqrt{1 - 48}}{2} = \dfrac{1 \pm \sqrt{-47}}{2}$

El problema no tiene solución, porque sale la raíz cuadrada de un número negativo.

☐ $x = \dfrac{1 \pm \sqrt{(-1)^2 - 4 \cdot 1 \cdot (-12)}}{2 \cdot 1} = \dfrac{1 \pm \sqrt{1 + 48}}{2} = \dfrac{1 \pm 7}{2} \begin{array}{l} \nearrow x = 4 \\ \searrow x = -3 \end{array}$

☐ $x = \dfrac{-1 \pm \sqrt{1^2 - 4 \cdot 1 \cdot (-12)}}{2 \cdot 1} = \dfrac{-1 \pm \sqrt{1 + 48}}{2} = \dfrac{-1 \pm 7}{2} \begin{array}{l} \nearrow x = 3 \\ \searrow x = -4 \end{array}$

Descartamos los valores negativos, porque las cifras de un número no pueden ser negativas, y sustituimos el valor obtenido en la segunda ecuación del sistema anterior, para hallar la otra incógnita:

☐ $x = y^2 \rightarrow x = 3^2 \rightarrow x = 9$

☐ $y = x^2 \rightarrow y = 3^2 \rightarrow y = 9$

☐ $y = x^2 \rightarrow y = 4^2 \rightarrow y = 16$

Como x es la cifra de las decenas, es decir, la primera cifra, el número buscado es:

☐ 16	☐ 33	☐ 34
☐ 39	☐ 43	☐ 49
☐ 61	☐ 93	☐ 94

14. Analiza la resolución de los siguientes problemas y rellena los huecos en blanco.

➢ En una tetería se venden dos tipos de té: el Amni y el Lidon. El Amni está compuesto por té negro y pétalos de flores, en una proporción de 4 a 1, y su precio de venta es de 8,90 € la bolsa de 100 g; el Lidon es una mezcla de té negro (en un 30 %), té verde (en un 60 %) y flores (en un 10 %), y la bolsa de 100 g se vende a 6,50 €. La tetería compra el té y los pétalos de flores en sacos de 5 kg. El saco de té negro le cuesta 230 €; el de té verde, 150 €, y el de flores, 110 €. ¿Qué beneficio bruto obtiene la tetería por cada bolsa de 100 g de té Amni que vende? ¿Y por cada bolsa de té Lidon?

En primer lugar, vamos a calcular el coste de 100 g de cada producto:

— Té negro: el kilogramo cuesta _____, porque _____, luego 100 g le cuestan _____.

— Té verde: la tetería compra el kilogramo a _____, ya que _____, así que 100 g le cuestan _____.

— Pétalos de flores: cada kilogramo le cuesta _____, puesto que _____, por lo que 100 g le cuestan _____.

A continuación, determinamos el precio de coste de 100 g de té Amni:

Como la proporción de té negro y flores es de 4 a 1, resulta que _____ de los 100 g es té negro, mientras que _____ son flores. Por tanto, el precio de coste de 100 g de té Amni es:

_____ €

Ahora, hallamos el beneficio bruto que obtiene la tetería con la venta de una bolsa de 100 g de té Anmi:

_____ €

Para el té Lidon, realizamos los cálculos análogos:

Puesto que la proporción de té negro, té verde y flores es del _____ %, _____ % y _____ %, respectivamente, el precio de coste de 100 g de té Lidon es:

_____ €

Luego el beneficio bruto asciende a _____, ya que _____.

Solución: el beneficio bruto de la tetería por cada bolsa de 100 g de té Amni que vende es de _____ y el de cada bolsa de té Lidon, de _____.

➢ Un día, en la tetería del problema anterior, se vendieron 71 bolsas de té y los ingresos fueron de 583,90 €. ¿Cuántas bolsas se vendieron de cada tipo de té? ¿Cuáles fueron los beneficios brutos?

Llamamos x al número de bolsas de té Amni que se vendieron ese día e y a la cantidad de bolsas de té Lidon. Con esta notación, teniendo en cuenta los datos del enunciado y el precio de venta de cada bolsa de té (en el enunciado del problema anterior), resulta el siguiente sistema de ecuaciones:

_____

Resolviéndolo por el método de sustitución (despejando la incógnita y en la primera ecuación), tenemos:

_____

Ahora, sustituyendo el valor de x en la ecuación donde aparece la incógnita y despejada, obtenemos:

_____

Finalmente, para calcular los beneficios brutos, tenemos en cuenta los resultados obtenidos en el problema anterior y en este:

_____

Solución: se vendieron _____ bolsas de té Amni y _____ de té Lidon. Los beneficios brutos fueron de _____.

➢ La suma de los cuadrados de tres números naturales consecutivos es igual a 3074. ¿De qué números se trata?

Llamamos x al menor de los tres números naturales. Entonces, como son consecutivos, el segundo número es _____ y el tercero, _____. Con esta notación, el cuadrado del primer número es x^2 y, usando las conocidas identidades notables, obtenemos los desarrollos de los cuadrados de los otros dos números:

_____

_____

De este modo, la suma de los cuadrados de los tres números se expresa por:

_____

Agrupando los términos semejantes, llegamos a:

_____

Ahora, como esta suma debe ser igual a 3074, tenemos la ecuación:

_____

(Se trata de una ecuación de segundo grado)

Trasponiendo el 3074, agrupando y dividiendo todos los términos por 3, la ecuación queda:

_____

Aplicando la fórmula y operando, resulta:

_____

Ahora bien, como el número x es natural, no puede ser _____, por lo que descartamos la solución _____ y, entonces, la única solución válida es _____. En consecuencia, los otros dos números son _____ y _____.

Solución: se trata de los números _____, _____ y _____.

➢ Jesús tenía cierta cantidad de dinero en su cuenta bancaria. Le descontaron 740 € de la hipoteca y 265 € de varios recibos, y le transfirieron su nómina, de 1460 €. Después, se gastó la octava parte de lo que le quedaba en organizar su viaje de vacaciones, tras lo cual el saldo de su cuenta era de 8645 €. ¿Cuánto dinero había al principio en la cuenta de Jesús?

Llamamos x a la cantidad de dinero que Jesús tenía en su cuenta al principio. Puesto que le descontaron _____, por un lado, y _____, por el otro, en total, le descontaron:

_____

Como le ingresaron _____, el balance fue de _____, ya que _____.

De este modo, el saldo que Jesús tenía en su cuenta, antes de gastarse el dinero del viaje, viene dado por la expresión algebraica:

_____

En consecuencia, el precio del viaje se expresa por:

_____

Por tanto, el dinero que le quedaba después de pagar el viaje, escrito en lenguaje algebraico, es:

_____

Operando y simplificando, resulta:

_____

Ahora bien, dado que esta cantidad debe ser igual a _____, tiene que cumplirse la ecuación:

_____

(Se trata de una ecuación de primer grado)

Resolviéndola, resulta:

_____

Solución: al principio, en la cuenta de Jesús había _____ €.

> Un depósito de gas de forma esférica está recubierto por una fina capa de acero. Si su capacidad es de 381 510 L, ¿qué superficie de acero se ha empleado en su fabricación?

En primer lugar, expresamos el dato del enunciado en unidades cúbicas:

_____

A continuación, calculamos el _____ del depósito, sustituyendo el dato en la fórmula del volumen de la esfera, despejando y operando:

_____

(Hemos tomado el número 3,14 como aproximación de π)

Finalmente, hallamos la superficie del depósito, empleando la fórmula del área de la superficie esférica:

_____ m^2

(De nuevo, hemos aproximado π por el número 3,14)

Solución: en la fabricación del depósito se ha empleado una superficie de acero de _____ m^2.

➢ Un edificio de 37 plantas tiene la totalidad de las paredes exteriores acristaladas. Las primeras 25 plantas tienen forma de prisma recto de base cuadrada, de 20 m de lado; las demás, forman un cilindro recto, cuyo diámetro de la base también mide 20 m. La altura de cada planta es de 3,5 m. ¿Qué superficie acristalada tiene el edificio?

En primer lugar, calculamos la superficie lateral del prisma:

Como tiene _____ plantas, cada una de las cuales mide _____ de altura, la altura del prisma es:

_____

Por tanto, teniendo en cuenta también que la base es cuadrada y que el lado de la base mide _____, la superficie lateral, denotada por S_1, es:

_____

Ahora, hallamos el área lateral del cilindro:

Está formado por _____ plantas, pues _____, cada una de las cuales tiene una altura de _____. Entonces, la altura del cilindro es:

_____

Por otro lado, como el diámetro de su base mide _____, su radio es de _____. Así pues, usando la correspondiente fórmula, podemos calcular su superficie lateral, que denotamos por S_2:

_____

(Hemos considerado el número 3,14 como aproximación de π)

Finalmente, para determinar la superficie acristalada del edificio, que denotamos por S, _____ los resultados anteriores:

_____

Solución: el edificio tiene una superficie acristalada de _____ m^2.

➤ El suelo de una sala rectangular, con unas dimensiones de 6,2 m × 11,8 m, está embaldosado con losas hexagonales de 30 cm de lado. ¿Cuántas losas hay en la sala, aproximadamente?

En primer lugar, calculamos la superficie de la sala:

_____

A continuación, hallamos la superficie de cada losa:

Como tienen forma de _____, necesitamos conocer la apotema, para lo cual aplicamos el teorema de Pitágoras. Hemos de tener en cuenta que, en el hexágono, el radio y el lado tienen la misma longitud, y que la apotema divide al lado en dos partes iguales. Así, denotando la apotema por a, tenemos:

_____

Descartando la solución negativa, por ser una longitud, resulta:

_____

Entonces, el área de cada baldosa es:

_____ cm^2

Para expresar esta superficie en la misma unidad que la de la sala, la convertimos:

_____ m^2

Finalmente, para hallar el número aproximado de losas, _____, resultando:

_____

Solución: en la sala hay, aproximadamente, _____ losas.

➤ Una función cuadrática corta a los ejes coordenados en los puntos (0, 5), (1, 0) y (5, 0). Determina su expresión algebraica.

Puesto que se trata de una función cuadrática, su expresión algebraica es:

_____

Así pues, el problema consiste en determinar los valores de las letras _____, a partir de los datos del enunciado.

Ahora, como la función corta al _____ en el punto (0, 5), resulta que _____ y, en consecuencia, la expresión algebraica de la función queda así:

_____

Asimismo, dado que la función pasa por los puntos _____ y _____, se verifica que $f(1) =$ _____ y $f(\_\_\_) = 0$, de donde resulta el sistema:

_____

Operando, simplificando una de las ecuaciones y resolviéndolo por el método de reducción, obtenemos:

_____

Solución: la expresión algebraica de la función cuadrática es: _____

➤ Antes de someterse a una terapia de adelgazamiento, con una duración de 20 semanas, César pesaba 140 kg y Aitor, 131 kg. Gracias a la dieta y al ejercicio físico, César consiguió perder 1,5 kg cada semana y Aitor, 900 g semanales. ¿Cuánto tiempo pasó hasta que los dos tenían el mismo peso? ¿Cuánto pesaban en ese momento? ¿Cuánto pesaba cada uno al finalizar la terapia de adelgazamiento?

Llamamos x al número de semanas transcurridas desde que César y Aitor comenzaron la terapia de adelgazamiento, y denotamos por $f(x)$ y $g(x)$ las funciones que expresan el peso de César y de Aitor, respectivamente, dependiendo de x.

Entonces, por las condiciones del enunciado, tenemos que:

$f(x) =$ _____

$g(x) =$ _____

(Obsérvese que hemos expresado el peso que pierde Aitor cada semana en kilogramos)

En el momento en que los dos tenían el mismo peso, las funciones $f(x)$ y $g(x)$ eran _____, por lo que se cumplía la ecuación:

_____

Resolviendo esta ecuación, obtenemos:

_____

Así pues, pasaron _____ hasta que _____.

En ese momento, el peso de ambos era:

$f(\_\_) =$ _____ kg

Por último, para determinar el peso de cada uno al terminar la terapia de adelgazamiento, calculamos $f(\_\_)$ y $g(\_\_)$, resultando:

$f(\_\_) =$ _____

$g(\_\_) =$ _____

Solución: desde que César y Aitor comenzaron la terapia de adelgazamiento, pasaron _____ hasta que _____. En ese momento, dicho peso era de _____. Al finalizar la terapia, César pesaba _____ y Aitor, _____.

➢ En una fábrica de losas se realiza un control de calidad. Para ello, se elige al azar un lote de 30 losas cuadradas y se mide el lado de cada una de ellas. Esta longitud tendría que ser de 400 mm, pero los resultados obtenidos en la medición son algo diferentes: 398, 399, 402, 404, 402, 401, 405, 403, 401, 397, 400, 404, 404, 403, 405, 400, 403, 403, 405, 401, 398, 404, 403, 404, 401, 406, 402, 399, 401, 403.

La producción se considera defectuosa si se dan estas dos circunstancias a la vez:

— Más de la mitad de las losas tienen el lado más largo de lo deseado.

— La longitud del lado de las losas del lote, por término medio, se diferencia del valor deseado en más de 2 mm.

Determina si, en este caso, la producción se considera defectuosa o no.

Para facilitar los cálculos, en primer lugar, ordenamos los datos, de menor a mayor:

_____

Como vemos, hay _____ medidas por debajo del valor deseado y _____ que coinciden con él. Por tanto, _____ se cumple la primera condición.

Veamos ahora la segunda:

La media de la longitud del lado de las losas del lote es:

_____

Entonces, la diferencia entre esta media y el valor deseado es:

_____ mm

Como es una cantidad _____ que 2 mm, _____ se verifica la segunda condición.

Solución: puesto que _____ se dan las dos circunstancias a la vez, en este caso, la producción _____ se considera defectuosa.

➤ En una localidad hay dos centros comerciales, *A* y *B*. Los sábados por la tarde, el 45 % de los habitantes va al centro comercial *A*, el 50 % al *B* y el 20 %, a los dos. Si se elige al azar un residente de esta localidad, ¿cuál es la probabilidad de que no vaya a ningún centro comercial los sábados por la tarde?

En primer lugar, consideramos los sucesos:

A = {El residente elegido va al centro comercial *A* los sábados por la tarde}

B = {El residente elegido va al centro comercial *B* los sábados por la tarde}

Con esta notación, tenemos que:

$A \cap B$ = {El residente elegido va a _____ los sábados por la tarde}

Y, como solo hay dos centros comerciales en la localidad, resulta también que:

$A \cup B$ = {El residente elegido va a _____ los sábados por la tarde}

Por tanto:

$\overline{A \cup B}$ = {El residente elegido _____ los sábados por la tarde}

De esta manera, el problema consiste en calcular la probabilidad de este último suceso.

Con este fin, vamos a usar la fórmula de la probabilidad del suceso contrario:

$P(\overline{A \cup B})$ = _____

Por su parte, para hallar la probabilidad del suceso $A \cup B$, aplicamos la fórmula:

$P(A \cup B)$ = _____

Teniendo en cuenta que, por los datos del enunciado, se cumple que $P(A)$ = _____, $P(B)$ = _____ y $P(A \cap B)$ = _____, sustituyendo y operando, obtenemos:

$P(A \cup B)$ = _____

Entonces:

$P(\overline{A \cup B})$ = _____

Solución: la probabilidad de que el residente elegido al azar no vaya a ningún centro comercial los sábados por la tarde es _____.

15. Analiza las operaciones realizadas en la resolución y señala cuáles de los siguientes enunciados se podrían resolver de este modo. Para los enunciados que no puedan resolverse así, explica la razón.

En primer lugar, calculamos las dos novenas partes del dato inicial:

$$\frac{2}{9} \text{ de } 18 = \frac{2}{9} \cdot 18 = \frac{2 \cdot 18}{9} = 2 \cdot 2 = 4$$

A continuación, restamos este resultado del dato inicial: $18 - 4 = 14$

Seguidamente, calculamos las cuatro séptimas partes de este número:

$$\frac{4}{7} \text{ de } 14 = \frac{4}{7} \cdot 14 = \frac{4 \cdot 14}{7} = 4 \cdot 2 = 8$$

Ahora, sumamos el primer resultado, este último y 2,5:

$$4 + 8 + 2,5 = 14,5$$

Por último, restamos este número del dato inicial:

$$18 - 14,5 = 3,5$$

☐ Paula fue concursante de un programa de televisión que consistía en sobrevivir durante una semana en una isla desierta. Para ello, le proporcionaron 18 L de agua. Entre el lunes y el martes, Paula consumió las dos novenas partes del agua; entre el miércoles, el jueves y el viernes, las cuatro séptimas partes de lo que le quedaba, y el sábado, se tomó 2,5 L. ¿Cuánta agua le quedó para el domingo?

☐ Un médico de guardia trabaja durante 18 horas consecutivas. Las dos novenas partes del tiempo se dedica a ver a los pacientes; las cuatro séptimas partes, a atender urgencias; dos horas y media a descansar y comer, y el resto, a revisar documentos y pruebas. ¿Cuánto tiempo pasa revisando documentos y pruebas?

☐ Una bolsa tiene 18 cruasanes de chocolate. Luis se comió 2/9 de los cruasanes y, más tarde, Alejandro se comió las cuatro séptimas partes de lo que quedaba. Por la tarde, Lucas se comió dos cruasanes y medio. ¿Cuántos cruasanes se comieron entre los tres?

☐ El día que Maite alcanzó la mayoría de edad, estuvo haciendo cálculos, y llegó a la conclusión de que había pasado el equivalente a las dos novenas partes de su vida ocupada con actividades escolares; el equivalente a las cuatro séptimas partes del resto, a dormir y comer, y el equivalente a dos años y medio a disfrutar del tiempo libre. Maite se preguntaba cuál sería el equivalente en años que había dedicado a hacer otras cosas.

☐ El lunes, Antonio se gastó 2/9 de su paga semanal en una revista; el viernes, se gastó 4/7 de lo que le quedaba en ir a cenar a una hamburguesería y, el domingo, se gastó 2,5 € en dulces y golosinas. Si la paga semanal de Antonio es de 18 €, ¿cuánto dinero le sobró?

16. Analiza el planteamiento y la resolución y señala cuáles de los siguientes enunciados se podrían resolver de este modo. Para los enunciados que no puedan resolverse así, explica la razón.

Llamamos x a la cantidad que queremos calcular. Entonces, a partir de las condiciones y los datos del enunciado, tenemos la ecuación:

$$\frac{x}{6} + \frac{x+249}{3} + \frac{2x-305}{4} = 1467$$

Resolviéndola, resulta:

$$12 \cdot \left(\frac{x}{6} + \frac{x+249}{3} + \frac{2x-305}{4} \right) = 12 \cdot 1467 \rightarrow 2x + 4 \cdot (x+249) + 3 \cdot (2x-305) = 17\,604 \rightarrow$$

$$2x + 4x + 996 + 6x - 915 = 17\,604 \rightarrow 12x = 17\,523 \rightarrow x = \frac{17\,523}{12} \rightarrow x = 1460{,}25$$

☐ Los aficionados al baloncesto de Villa Azul, Villa Verde y Villa Roja se han puesto de acuerdo para viajar juntos a Villa Naranja, donde se celebrará la final. En Villa Verde hay 249 aficionados más que en Villa Azul y en Villa Roja, 305 menos del doble que en Villa Azul. Sin embargo, por cuestiones organizativas, solo podrá ir una sexta parte de los aficionados de Villa Azul, una tercera parte de los de Villa Verde y una cuarta parte de los de Villa Roja. En total, asistirán 1467 personas de estas tres poblaciones. ¿Cuántos aficionados hay en Villa Azul?

☐ Lucrecia, Basilia y Manuela han alquilado un apartamento en la playa por 1467 €. Lucrecia contribuye con un sexto de su sueldo; Basilia, con un tercio del suyo, y Manuela, con la cuarta parte del suyo. Lucrecia gana 249 € menos que Basilia y, si Manuela ganara 305 € más, cobraría el doble que Lucrecia. ¿Cuál es el sueldo de Lucrecia?

☐ Un volquete, inicialmente cargado con cierta cantidad de arena, realiza un recorrido dentro de una obra, pasando por los puntos A, B, C, D y E. En A, descarga la sexta parte de la arena; en B, se le añade arena, hasta tener 249 kg más que al principio; en C, descarga la tercera parte de la que lleva en ese momento; en D, se le echa arena, hasta tener 305 kg menos del doble de lo que tenía al principio; en E, descarga la cuarta parte de la que lleva en ese momento. Si el total de arena descargada en A, C y E es igual a 1467 kg, ¿qué cantidad de arena llevaba el volquete al principio?

☐ Cuatro amigos, Abelardo, Beltrán, Carolina y Diego, se han comprado sendas fincas urbanas para construir una casa con jardín. La finca de Abelardo mide la sexta parte de la superficie de la finca de Diego; la de Beltrán, 249 m² más que la tercera parte de la de Diego y, la de Carolina, la cuarta parte del resultado de restarle 305 m² al doble de la superficie de la finca de Diego. Además, la superficie conjunta de las fincas de Abelardo, Beltrán y Carolina es de 1467 m². ¿Cuánto mide la finca de Diego?

17. Analiza las resoluciones de los siguientes problemas y encuentra el error que hay en cada una de ellas. Explica la razón y escribe el planteamiento correcto.

➤ Tras gastarse las tres octavas partes de un depósito de agua, quedan en él 2520 L. ¿Cuál es la capacidad del depósito?

Llamamos x a la capacidad del depósito. Entonces, por las condiciones y los datos del enunciado, tenemos la ecuación:

$$\frac{3}{8} \cdot x = 2520$$

Resolviéndola, resulta:

$$\frac{3}{8} \cdot x = 2520 \rightarrow x = \frac{8 \cdot 2520}{3} \rightarrow x = 8 \cdot 840 \rightarrow x = 6720$$

Solución: el depósito tiene una capacidad de 6720 L.

¿Dónde está el fallo?

➤ Samuel ha ganado las dos quintas partes de un premio de 50 000 € y le ha dado la cuarta parte a su madre. ¿Cuánto dinero ha recibido su madre?

Para hallar el dinero recibido por Samuel, calculamos:

$$\frac{2}{5} \text{ de } 50\,000 = \frac{2}{5} \cdot 50\,000 = \frac{2 \cdot 50\,000}{5} = 2 \cdot 10\,000 = 20\,000$$

Así pues, el resto es: 50 000 – 20 000 = 30 000 €

Ahora, determinamos la cuarta parte del resultado anterior:

$$\frac{1}{4} \text{ de } 30\,000 = \frac{1}{4} \cdot 30\,000 = \frac{30\,000}{4} = 7500$$

Solución: la madre de Samuel ha recibido 7500 €.

¿Dónde está el fallo?

➢ Joaquín tiene 12 libros más que Carmen y, entre los dos, tienen 134. ¿Cuántos libros tiene Joaquín?

Llamamos x al número de libros que tiene Joaquín. Entonces, la cantidad de libros de Carmen se expresa por $x + 12$.

Ahora, puesto que, entre los dos, tienen 134 libros, debe cumplirse la igualdad:

$$x + (x + 12) = 134$$

Resolviendo esta ecuación de primer grado, resulta:

$$x + x + 12 = 134 \rightarrow 2x = 122 \rightarrow x = \frac{122}{2} \rightarrow x = 61$$

Solución: Joaquín tiene 61 libros.

¿Dónde está el fallo?

18. Lee los siguientes enunciados y señala la construcción geométrica correspon- diente a cada uno de ellos, entre las alternativas que se dan.

> ➤ A partir del triángulo equilátero *ABC*, se construye el cuadrado *BCDE*. Por el punto *B*, se traza la recta tangente a la circunferencia circunscrita al triángulo *ABC* y se corta con el cuadrado, resultando el punto *P*.

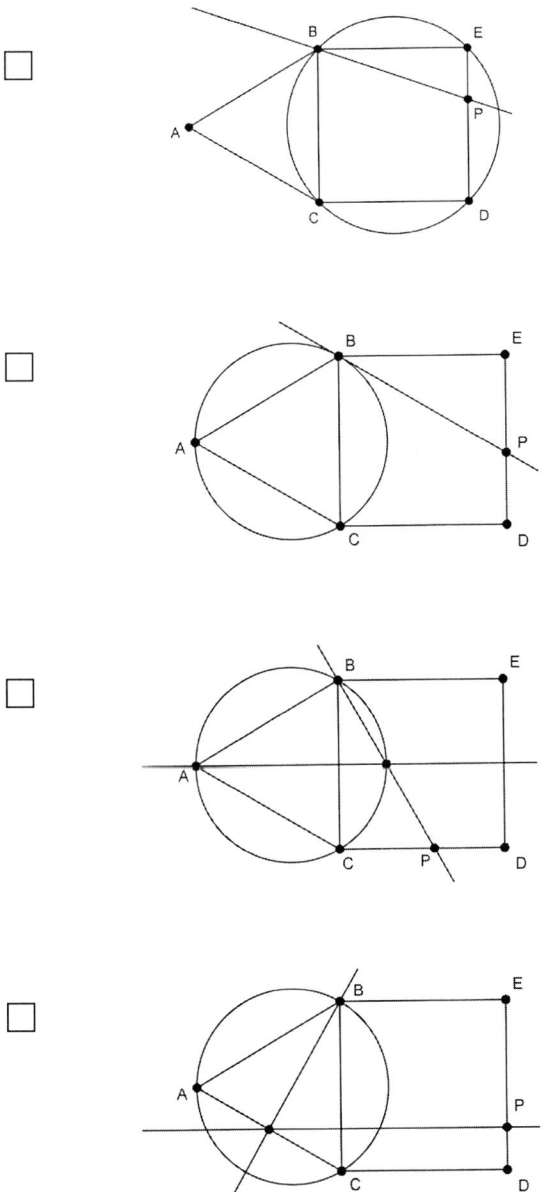

➤ Por el punto medio del lado *AC* de un triángulo, denotado por *M*, se traza la perpendicular al lado *AB* y se corta con él, obteniéndose el punto *D*. A continuación, se hace la intersección de la circunferencia inscrita al triángulo *AMD* con el lado *AC*, resultando el punto *P*.

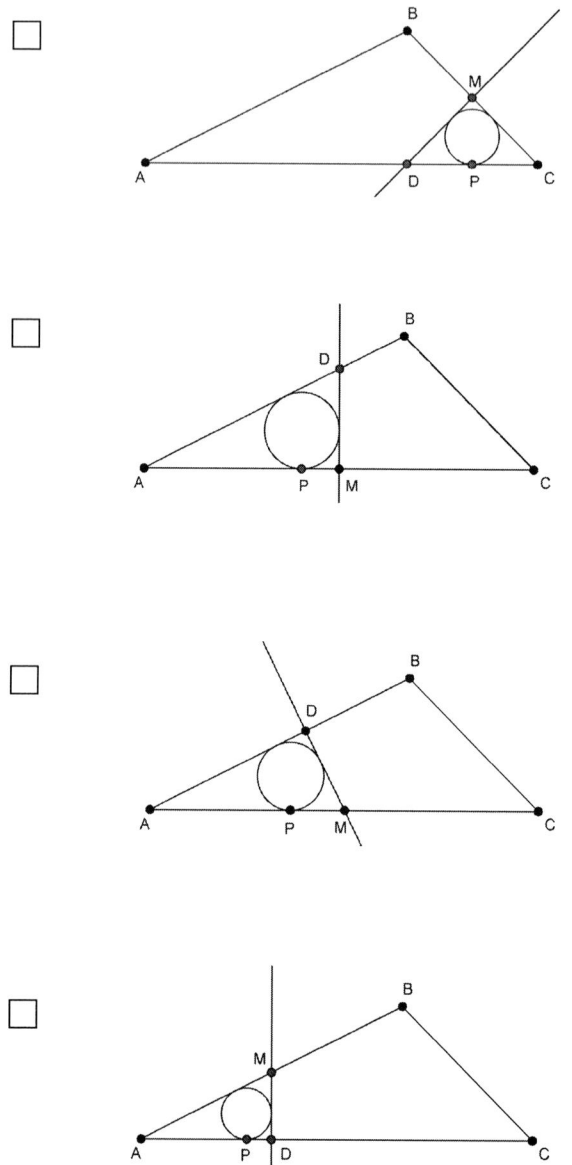

19. Relaciona cada construcción geométrica con el enunciado adecuado. Ten en cuenta que hay enunciados que no se corresponden con ninguna construcción geométrica.

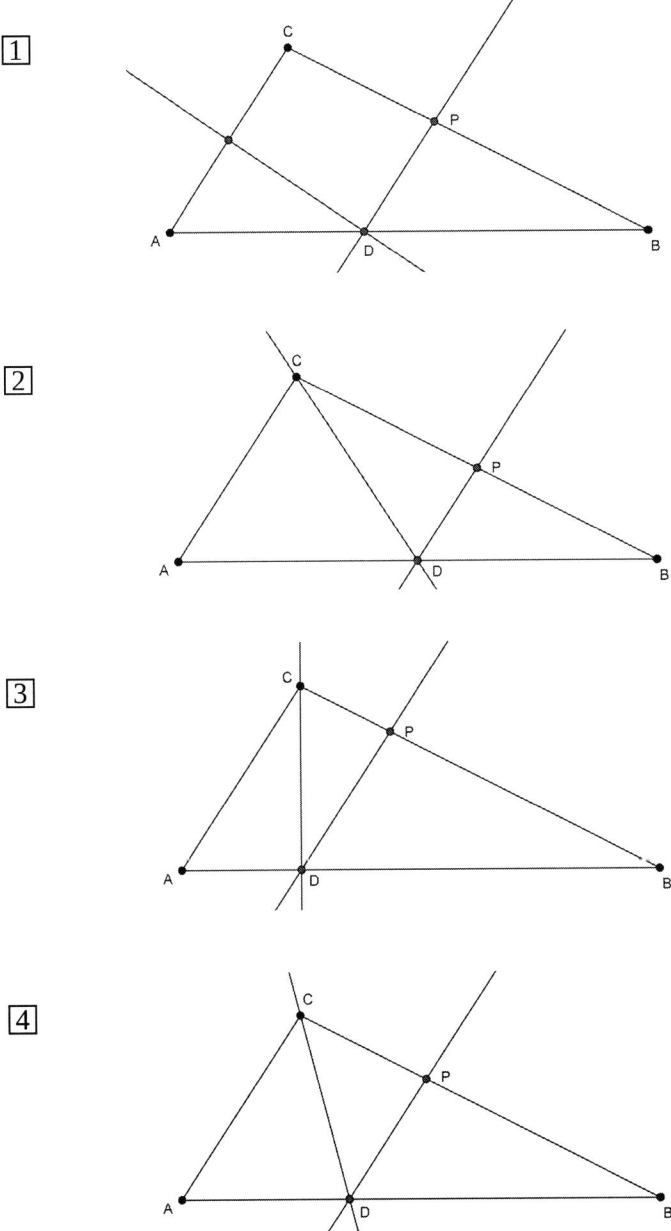

☐ En un triángulo *ABC*, el punto *D* es el pie de la altura correspondiente al vértice *C*. La paralela al lado *AC*, trazada por *D*, corta al lado opuesto al vértice *A* en el punto *P*.

☐ En un triángulo *ABC*, el punto *D* es la intersección del lado *AB* con la mediatriz correspondiente al lado *BC*. La paralela al lado *AC*, trazada por *D*, corta al lado *BC* en el punto *P*.

☐ En un triángulo *ABC*, el punto *D* se encuentra en el lado *AB* y en la mediatriz correspondiente al lado *AC*. La paralela a este lado, trazada por *D*, corta al lado *BC* en el punto *P*.

☐ En un triángulo *ABC*, el punto *D* está en la bisectriz correspondiente al vértice *C* y en el lado opuesto a este vértice. Al intersecar el lado *BC* con la paralela al lado *AC* que pasa por *D*, se obtiene el punto *P*.

☐ En un triángulo *ABC*, el punto *D* es la intersección del lado *AB* con la bisectriz correspondiente al vértice opuesto al lado *AC*. La paralela a este lado, trazada por *D*, corta al lado *BC* en el punto *P*.

☐ En un triángulo *ABC*, el punto *D* es la intersección del lado *AB* con la mediana correspondiente al vértice *C*. La paralela al lado *AC*, trazada por *D*, corta al lado *BC* en el punto *P*.

☐ En un triángulo *ABC*, el punto *D* está en el lado *AB* y pertenece a la mediana correspondiente al vértice *A*. La paralela al lado *AC*, trazada por *D*, corta al lado *BC* en el punto *P*.

20. Señala la gráfica que se corresponde con cada uno de los siguientes enunciados.

> ➤ Un coche realiza un recorrido de 700 km, circulando a una velocidad constante de 100 km/h y haciendo una parada de 15 minutos cada dos horas.

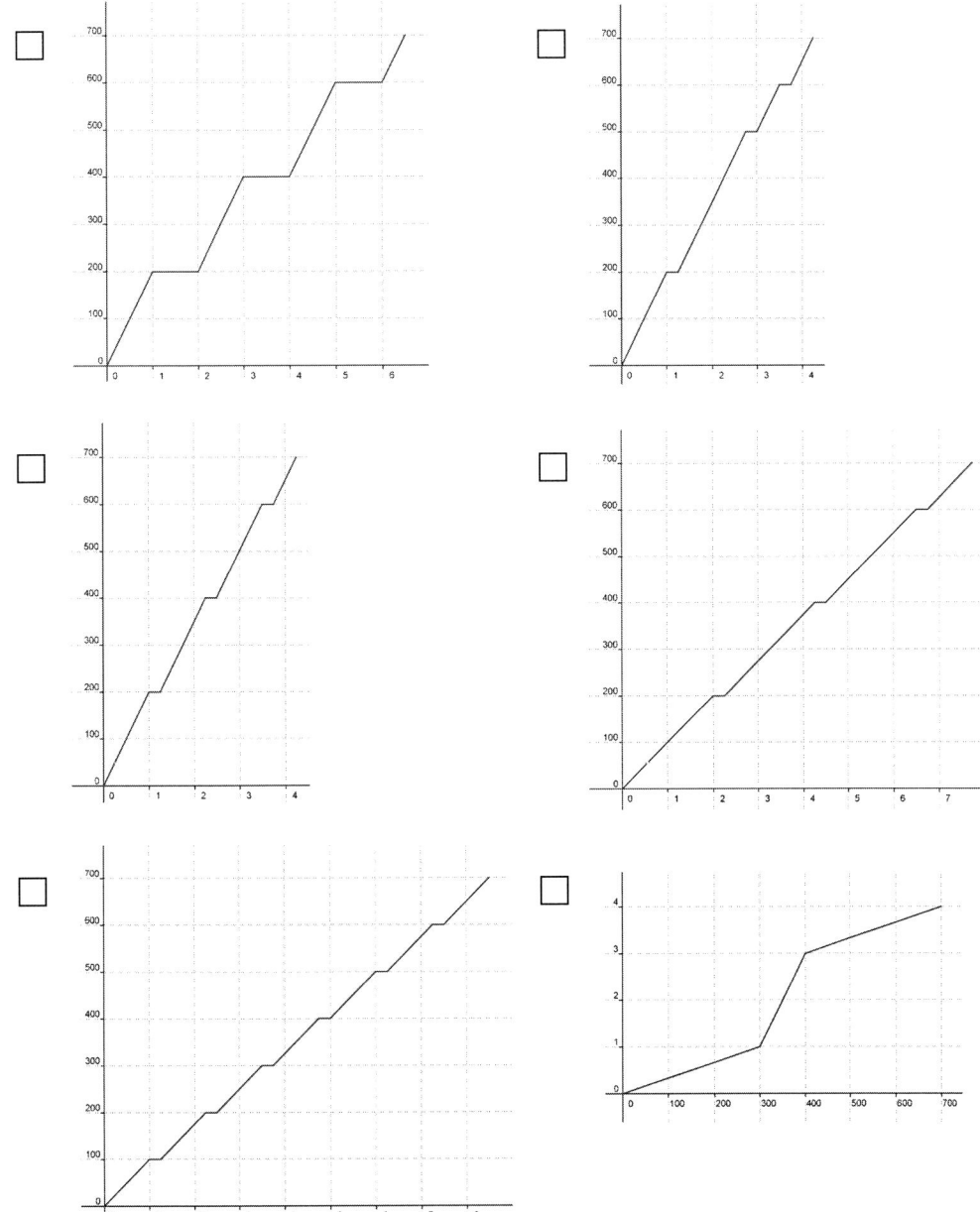

➢ La superficie de las rotondas circulares, en función del radio, si este no fuera menor de 1 m ni mayor de 5 m.

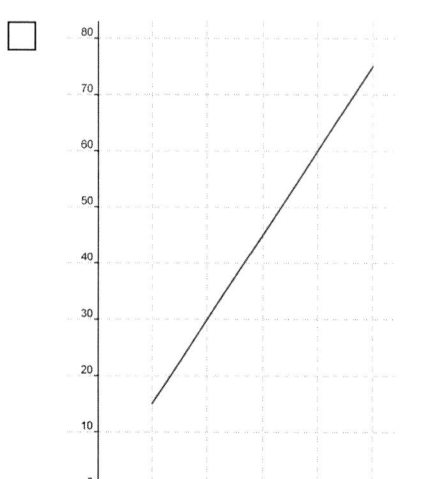

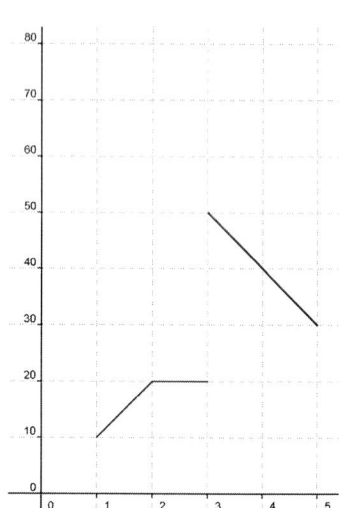

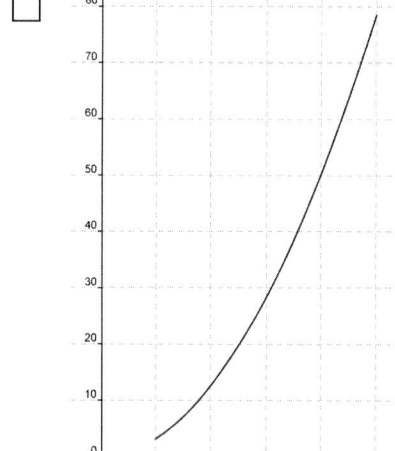

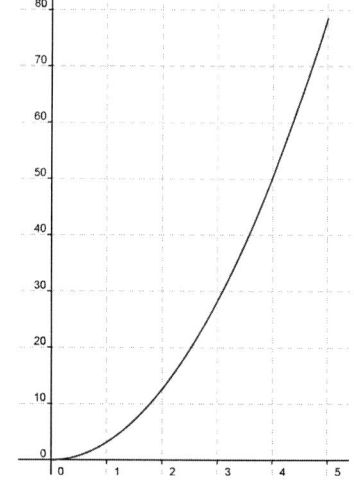

21. Relaciona cada gráfica con el enunciado adecuado. Ten en cuenta que puede haber enunciados que no se correspondan con ninguna gráfica, y viceversa.

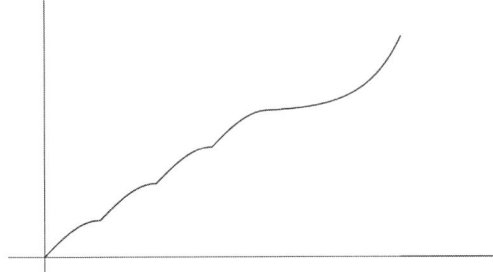

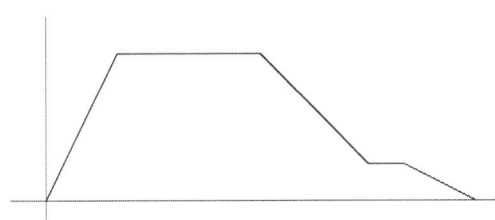

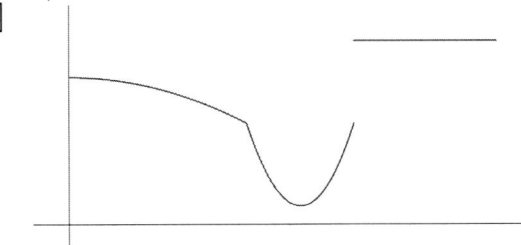

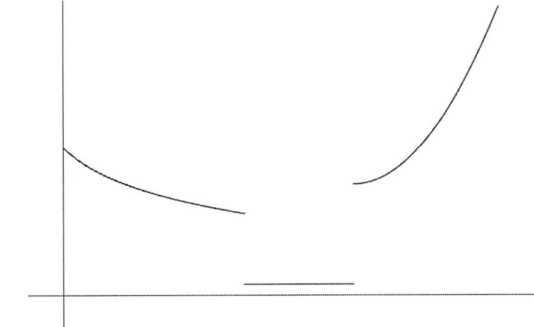

☐ Un satélite describe una órbita casi circular alrededor de la Tierra. Durante las primeras horas del día, la velocidad del satélite va descendiendo, lentamente al principio y más rápido después, hasta alcanzar el mínimo. Posteriormente, la velocidad aumenta. Las últimas horas del día mantiene una velocidad constante. Representa la gráfica correspondiente a la distancia del satélite a la Tierra, en función del tiempo.

☐ Un futbolista golpea el balón a intervalos regulares de tiempo mientras corre, hasta que finalmente dispara a puerta y el portero lo detiene. Representa la gráfica correspondiente a la velocidad del balón, en función del tiempo.

☐ En un safari fotográfico participan cierto número de personas. Cuanto mayor es este número, más difícil es conseguir una foto, pues los animales se asustan y no se dejan ver. Representa la gráfica correspondiente al número de fotos, en función de la cantidad de personas que participan en el safari.

☐ Entre los meses de enero y mayo, los beneficios de una tienda de cazadoras de piel fueron descendiendo lentamente; entre junio y agosto, casi no tuvo beneficios; a partir de septiembre, los beneficios fueron subiendo notablemente, hasta alcanzar su máximo en el mes de diciembre. Representa la gráfica correspondiente a los beneficios, en función del tiempo.

☐ Rodrigo sale de su casa y va caminando al supermercado a velocidad constante. Después de estar un rato comprando, va de vuelta a su casa, andando más despacio, hasta que se encuentra con un amigo, con quien se para un momento a charlar. Luego, se va a su casa, paseando tranquilamente. Representa la gráfica correspondiente a la distancia de su casa a la que se encuentra Rodrigo, en función del tiempo.

22. Relaciona cada espacio muestral con un enunciado. Ten en cuenta que puede haber espacios muestrales que no se correspondan con ningún enunciado, y viceversa.

$\boxed{1}\,\Omega = \{CC, XX\}$	$\boxed{5}\,\Omega = \{XC, CC\}$
$\boxed{2}\,\Omega = \{CX, CC\}$	$\boxed{6}\,\Omega = \{CC, CX, XX\}$
$\boxed{3}\,\Omega = \{CX, XC\}$	$\boxed{7}\,\Omega = \{XC, CX, XX\}$
$\boxed{4}\,\Omega = \{CC, CX, XC, XX\}$	$\boxed{8}\,\Omega = \{XC, XX\}$

☐ Eva va a una librería a comprar una novela, para regalársela a Ramón. Como está dudando entre dos de ellas, lo decide a «cara o cruz», lanzando una moneda. Sin embargo, cuando mira el resultado obtenido en el lanzamiento, no recuerda con qué libro lo había asociado, así que decide lanzarla de nuevo.

☐ Un programador informático ha creado un sistema de codificación de datos que solo utiliza los símbolos «C» y «X». Para que los mensajes puedan descodificarse, los símbolos deben colocarse en grupos de tres, separados por un espacio en blanco.

☐ Carlos y Ximo han creado una empresa y han contratado a un profesional para que diseñe el logotipo. Este logotipo debe estar formado por las iniciales de sus nombres, pero no tienen muy claro en qué orden colocarlas, a fin de que la imagen de la empresa sea la mejor posible. Por ello, le dan libertad al diseñador, para que él mismo elija en qué orden colocar las iniciales.

☐ Talía lanza simultáneamente dos monedas españolas de 1 €. Una de ellas es de curso legal y la otra es falsa, porque tiene dos cruces, en lugar de una cara y una cruz.

☐ Anselmo ha escrito todos los números romanos que se pueden formar usando solo las letras «C» y «X», cada uno en una cartulina. A continuación, le ha dado la vuelta a las cartulinas, para que Ruth elija una al azar.

☐ Al corregir una pregunta de un examen, un profesor de Matemáticas escribe la letra «C» si la respuesta es correcta y la letra «X» si no lo es. Guillermo y Javier saben que han contestado de la misma manera a esa pregunta, pero no están seguros de si lo han hecho correctamente o no.

☐ Karen está haciendo un examen y no está segura de cómo escribir una palabra. Duda entre si es «Exceso» o «Ecceso». Entonces, elige al azar una de las dos.

23. Relaciona cada resolución con su enunciado. Ten en cuenta que puede haber enunciados que no se correspondan con ninguna resolución, y viceversa.

[1] Como cualquiera de las fichas colocadas boca abajo puede ser elegida, el número de casos posibles es 25.

Por otro lado, en el juego del dominó hay siete fichas que tienen el 2 y siete fichas que tienen el 3, pero una de ellas, la 2-3, está contada dos veces, por lo que, en total, hay 13 fichas que tienen el 2 o el 3.

Si no contamos las que ya están descubiertas, entre las que están boca abajo hay 10 fichas que tienen el 2 o el 3, lo que significa que el número de casos favorables es 10. Por tanto, la probabilidad pedida es:

$$p = \frac{10}{25} = \frac{2}{5}$$

[2] Como cualquiera de las fichas colocadas boca abajo puede ser elegida, el número de casos posibles es 26.

Por otro lado, en el juego del dominó hay siete fichas que tienen el 2 y siete fichas que tienen el 3, pero una de ellas, la 2-3, está contada dos veces, por lo que, en total, hay 13 fichas que tienen el 2 o el 3.

Si no contamos las que ya están descubiertas, entre las que están boca abajo hay 10 fichas que tienen el 2 o el 3, lo que significa que el número de casos favorables es 10. Por tanto, la probabilidad pedida es:

$$p = \frac{10}{26} = \frac{5}{13}$$

[3] Como cualquiera de las fichas colocadas boca abajo puede ser elegida, el número de casos posibles es 26.

Por otro lado, en el juego del dominó hay siete fichas que tienen el 2 y siete fichas que tienen el 3, pero una de ellas, la 2-3, está contada dos veces, por lo que, en total, hay 13 fichas que tienen el 2 o el 3.

Si no contamos las que ya están descubiertas, entre las que están boca abajo hay 11 fichas que tienen el 2 o el 3, lo que significa que el número de casos favorables es 11. Por tanto, la probabilidad pedida es:

$$p = \frac{11}{26}$$

4. Como cualquiera de las fichas colocadas boca abajo puede ser elegida, el número de casos posibles es 27.

Por otro lado, en el juego del dominó hay siete fichas que tienen el 2, por lo que, si no contamos la que ya está descubierta, entre las que están boca abajo hay seis fichas que tienen el 2, lo que significa que el número de casos favorables es 6. Por tanto, la probabilidad pedida es:

$$p = \frac{6}{27} = \frac{2}{9}$$

5. Como cualquiera de las fichas colocadas boca abajo puede ser elegida, el número de casos posibles es 27.

Por otro lado, en el juego del dominó hay siete fichas que tienen el 2 y siete fichas que tienen el 3, pero una de ellas, la 2-3, está contada dos veces, por lo que, en total, hay 13 fichas que tienen el 2 o el 3.

Si no contamos la que ya está descubierta, entre las que están boca abajo hay 12 fichas que tienen el 2 o el 3, lo que significa que el número de casos favorables es 12. Por tanto, la probabilidad pedida es:

$$p = \frac{12}{27} = \frac{4}{9}$$

☐ La ficha 2-2 del dominó está boca arriba y, las demás, boca abajo. Si se elige una de ellas al azar, ¿cuál es la probabilidad de que pueda «engancharse» con la ficha descubierta?

☐ La ficha 2-3 del dominó está boca arriba y, las demás, boca abajo. Si se elige una de ellas al azar, ¿cuál es la probabilidad de que pueda «engancharse» con la ficha descubierta?

☐ Las fichas 2-2, 2-3 y 3-3 del dominó están boca arriba y, las demás, boca abajo. Si se elige una de ellas al azar, ¿cuál es la probabilidad de que pueda «engancharse» con alguna de las fichas descubiertas?

☐ Las fichas del dominó que tienen el 2 o el 3 están boca arriba y, las demás, boca abajo. Si se elige una de ellas al azar, ¿cuál es la probabilidad de que pueda «engancharse» con alguna de las fichas descubiertas?

☐ Las fichas 2-2 y 3-3 del dominó están boca arriba y, las otras, boca abajo. Si se elige una de ellas al azar, ¿cuál es la probabilidad de que pueda «engancharse» con alguna de las fichas descubiertas?

PARA RESOLVER EL PROBLEMA PASO A PASO Y COMPROBAR LA SOLUCIÓN

24. Resuelve los siguientes problemas siguiendo los pasos indicados.

> ➢ Observa la secuencia de cruces, formadas por cuadrados. ¿Cuántos cuadrados tendrá la cruz que continúa la secuencia? ¿Y la cruz que ocuparía la posición número 100 en la secuencia?

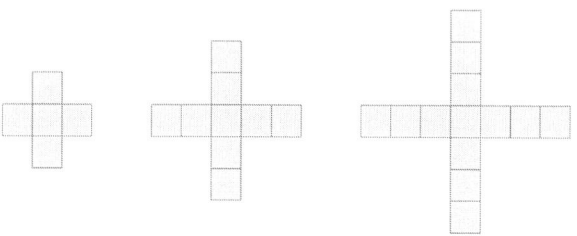

1. Dibuja la cruz que continúa la secuencia.

2. Cuenta los cuadrados que tiene esta cruz y contesta a la primera pregunta planteada.

3. Para responder a la segunda pregunta, no se puede actuar como antes, porque dibujar la secuencia de cruces hasta llegar a la que ocuparía la posición 100 sería demasiado trabajoso. En lugar de eso, vamos a obtener una pauta (una regla) que permita saber el número de cuadrados que forman cada cruz, dependiendo del número de cuadrados que forman la cruz anterior. Para ello, en primer lugar, rellena la tabla.

Número de cuadrados que forman cada cruz			
Primera	Segunda	Tercera	Cuarta

4. Observa la lista de números que has obtenido. ¿Qué operación hay que hacer para calcular cada número a partir del anterior?

5. ¿Por qué crees que es así? Piensa en cómo se obtiene cada cruz a partir de la anterior.

6. Contando desde la primera cruz de la secuencia, ¿cuántas veces se tendría que realizar esta operación hasta llegar a la cruz que ocuparía la posición número 100 de la secuencia?

7. Entonces, ¿qué operaciones hay que hacer para averiguar la cantidad de cuadrados que formarían la cruz número 100 de la secuencia? ¿Cuál es esa cantidad?

8. Contesta a la segunda pregunta planteada.

9. Ahora que has resuelto el problema siguiendo los pasos indicados, ¿se te ocurre alguna forma distinta de calcular la cantidad de cuadrados que formarían la cruz número 100 de la secuencia? ¿Qué concepto debes utilizar? Resuelve nuevamente el problema, esta vez sin indicaciones, utilizando este concepto. Explica los pasos que se van dando.

➤ José tiene ahorrados 640 € más que Almudena. Si José ahorrara 80 € cada mes y Almudena ahorrara 30 € mensuales, dentro de dos años, José tendría ahorrado el triple que Almudena. ¿Cuánto dinero tiene ahorrado cada uno de ellos?

1. Elige una letra para indicar la cantidad de dinero que tiene ahorrado José y otra para indicar los ahorros de Almudena.

2. Escribe una ecuación que relacione estas letras, a partir del primer dato del enunciado. Fíjate bien en cuál de las dos cantidades debe ser mayor.

3. ¿Cuánto dinero más tendría José al cabo de dos años si ahorrara 80 € cada mes? Justifica la respuesta.

4. Escribe la expresión algebraica con la que se indica el dinero total que José tendría ahorrado al cabo de dos años si ahorrara 80 € al mes.

5. Haz lo mismo con los ahorros de Almudena: si ahorrara 30 € al mes, durante dos años, ¿cuánto dinero más tendría ahorrado? ¿Qué expresión algebraica permite indicar la cantidad total de dinero ahorrado que tendría Almudena al cabo de dos años?

6. Escribe la ecuación que relaciona los ahorros totales que tendrían al cabo de dos años, considerando el dato del enunciado, que establece que José tendría el triple que Almudena.

7. Simplifica la ecuación anterior, quitando los paréntesis y trasponiendo uno de los dos números, lo que deja una incógnita despejada.

8. Escribe el sistema de ecuaciones que resulta al considerar las dos ecuaciones obtenidas (la anterior y la del paso 2).

9. Resuelve el sistema por el método más adecuado.

10. Responde a la pregunta planteada en el enunciado.

11. Comprueba la solución.

12. Ahora que has resuelto el problema siguiendo los pasos indicados y usando un sistema de ecuaciones, ¿sabrías resolverlo sin indicaciones, usando solo ecuaciones (no sistemas)? Resuélvelo de este modo, explicando los pasos que se van dando.

➢ En una fábrica se elabora un tipo de queso mezclando leche de vaca y de oveja. La leche de vaca le cuesta 0,50 €/L y la de oveja, 0,90 €/L. Por cuestiones de mercado, la fábrica necesita disponer de 800 L de mezcla al día, con un coste de 0,56 €/L. ¿Cuántos litros de cada tipo de leche se deben mezclar?

1. Elige una letra para indicar el número de litros de leche de vaca que debe haber en la mezcla.

2. Teniendo en cuenta la letra elegida y el dato del enunciado, ¿qué expresión algebraica permite representar la cantidad de litros de leche de oveja que debe haber en la mezcla?

3. Expresa el coste total de la leche de vaca que debe haber en la mezcla, a partir de la letra elegida.

4. Expresa también el coste total de la leche de oveja, usando la letra elegida.

5. Entonces, ¿cómo se expresa el coste total de la mezcla, usando la letra elegida?

6. Por otro lado, teniendo en cuenta los datos del enunciado, ¿cuál es el coste total de la mezcla?

7. Ahora, puesto que las respuestas a las cuestiones 5 y 6 deben ser iguales, se puede establecer una ecuación. ¿Cuál es esta ecuación?

8. Resuelve la ecuación paso a paso.

9. Entonces, ¿cuántos litros de leche de oveja debe haber en la mezcla?

10. Comprueba que la solución obtenida es correcta.

11. Responde a la pregunta formulada.

➢ La superficie de un rectángulo es de 54 cm². Se sabe que tiene 3 cm menos de ancho que de largo. ¿Cuáles son sus dimensiones?

1. ¿Qué se pide? ¿Qué significa exactamente?

2. ¿Se puede plantear el problema con solo una incógnita? Justifica la respuesta.

3. Haz un dibujo para representar la situación, en el que aparezcan los dos lados del rectángulo expresados mediante la incógnita elegida.

4. Un dato del problema es la superficie del rectángulo. ¿Qué fórmula hay que utilizar para relacionar este dato con la incógnita?

5. Escribe la ecuación que resulta al usar la fórmula anterior, teniendo en cuenta el significado de la incógnita y el valor de la superficie del rectángulo, según el enunciado.

6. Resuelve la ecuación obtenida, indicando los pasos que se van dando.

7. Comprueba que la solución obtenida es correcta.

8. Responde a la pregunta planteada.

➢ Un depósito de agua tiene dos entradas, la A y la B, y un desagüe. Si solo se abre la A, el depósito tarda 8 h en llenarse por completo; si solo se abre la B, se llena en 12 h; si las entradas están cerradas y el desagüe abierto, se vacía en 56 h. ¿Cuánto tiempo tarda en llenarse si se abren las dos entradas a la vez? ¿Y si se abren las dos entradas y el desagüe?

1. Según el enunciado, abriendo la entrada A, el depósito tarda 8 h en llenarse. Entonces, ¿qué fracción del depósito se llena en una hora, si solo está abierta la entrada A?

2. ¿Y si solo se abre la entrada *B*? ¿Qué fracción del depósito se llena en una hora? ¿Por qué?

3. Entonces, si se abren las dos entradas a la vez, ¿qué fracción del depósito se llena en una hora? Justifica la respuesta.

4. Ahora, si llamamos *x* a una cantidad cualquiera de horas, ¿qué operación hay que hacer con *x* y el resultado anterior para averiguar la fracción del depósito que se llena en esas *x* horas?

5. En consecuencia, ¿qué expresión algebraica permite representar la fracción del depósito que se llena en esas *x* horas?

6. Si *x* fuera precisamente el tiempo que tarda en llenarse el depósito, ¿a qué valor tendría que ser igual la expresión anterior? ¿Por qué?

7. ¿Qué ecuación se puede plantear, entonces?

8. Resuelve la ecuación.

9. Observa el resultado. ¿Qué relación tiene con la fracción obtenida en la cuestión 3? ¿Qué conclusión se puede sacar?

10. Expresa el resultado de la manera en que habitualmente se habla del tiempo: número de horas y minutos. Indica los pasos que se van dando.

11. Responde a la primera pregunta formulada.

12. Vamos a abordar ahora la segunda parte del problema. Según el enunciado, si se abre el desagüe mientras las dos entradas están cerradas, el depósito se vacía en 56 h. Entonces, ¿qué fracción del depósito se vacía en una hora?

13. Teniendo en cuenta el resultado anterior y el obtenido en la cuestión 3, calcula la fracción del depósito que se llena en una hora cuando están abiertos el desagüe y las dos entradas. Justifica la respuesta.

14. Ahora, teniendo en cuenta la conclusión alcanzada en la cuestión 9, ¿qué fracción representa el tiempo necesario para que se llene por completo el depósito estando abiertos el desagüe y las dos entradas?

15. Como en la cuestión 10, expresa el resultado anterior de la manera habitual: indica el número de horas y de minutos.

16. Responde a la segunda pregunta.

17. ¿Sería posible que se hubiera obtenido un resultado negativo en la cuestión 13? ¿Qué sucedería en tal caso?

➤ Un paracaidista saltó de una avioneta. Cuando había descendido 5/8 de la altura desde la que se lanzó, intentó abrir el paracaídas, pero no funcionaba. Entonces, se desprendió del paracaídas principal y utilizó el de emergencia. Este se abrió cuando el paracaidista se encontraba a 396 m de altura, momento en el que había descendido 2/5 de la altura a la que estaba cuando intentó abrir el paracaídas principal. ¿A qué altura volaba la avioneta cuando saltó el paracaidista?

1. Elige una letra para indicar el dato que hay que calcular.

2. Expresa la altura a la que se encontraba el paracaidista cuando intentó abrir el paracaídas principal, usando la letra elegida. Justifica la respuesta.

3. Según el enunciado, cuando el paracaídas de emergencia se abrió, el paracaidista había descendido 2/5 de la expresión anterior. Entonces, ¿cómo se puede expresar la altura a la que se encontraba el paracaidista cuando se abrió el paracaídas de emergencia, usando la letra elegida? Razona la respuesta.

4. ¿Con qué dato del enunciado debe coincidir la expresión anterior?

5. La igualdad mencionada se puede expresar mediante una ecuación. ¿Cuál es esta ecuación?

6. Resuelve la ecuación.

7. Comprueba que el resultado obtenido es correcto.

8. Responde a la pregunta formulada.

➤ El problema anterior se ha resuelto haciendo uso del lenguaje algebraico y las ecuaciones. Sin embargo, es posible llegar a la solución utilizando un procedimiento distinto, basado en la representación geométrica de las fracciones. Sigue los pasos indicados para resolver el problema también de este modo.

1. En primer lugar, dibuja un rectángulo formado por una fila de ocho cuadrados y sombrea la parte correspondiente a la fracción 5/8, que representa el descenso del paracaidista hasta que intentó abrir el paracaídas principal.

2. A continuación, sombrea la parte correspondiente al tramo que descendió hasta que se abrió el paracaídas de emergencia. Para ello, como se trata de la fracción 2/5, hay que dividir cada cuadrado sin sombrear del dibujo anterior en cinco rectangulitos iguales y sombrear dos de ellos en cada cuadrado (seis en total).

3. ¿Con qué se corresponde la parte del dibujo que queda sin sombrear? ¿Cuántos metros representa?

4. ¿Cuántos rectangulitos sin sombrear han quedado en el dibujo?

5. Entonces, ¿cuántos metros representa cada rectangulito? Explica la respuesta.

6. Si se dividiera el rectángulo inicial en rectangulitos de este tamaño, ¿cuántos habría? ¿Por qué?

7. En consecuencia, ¿cuántos metros representa el rectángulo inicial? Explica la respuesta.

8. Como es lógico, el resultado coincide con el obtenido antes, cuando se resolvió el problema usando el lenguaje algebraico y las ecuaciones. ¿Qué método te ha parecido más fácil?

➤ Calcula la superficie de una corona circular, sabiendo que la cuerda tangente mide 16 cm.

1. ¿Qué es la cuerda tangente de una corona circular?

2. Dibuja una corona circular y traza una cuerda tangente. Representa los radios de los dos círculos concéntricos que constituyen la corona, de manera que la semicuerda tangente y ambos radios formen un triángulo rectángulo. Elige dos letras para nombrar los radios y determina la longitud de la semicuerda tangente. Coloca el resultado en un lugar adecuado del dibujo.

3. ¿Cómo se puede calcular la superficie de la corona circular? Deduce la fórmula correspondiente y extrae el número π como factor común.

4. Entonces, ¿qué se necesita conocer para poder calcular la superficie pedida?

5. Aplica el teorema de Pitágoras al triángulo rectángulo formado por los radios y la semicuerda tangente. Deja en el segundo miembro el dato conocido.

6. Observa la expresión del primer miembro de la igualdad anterior. ¿Qué relación tiene con la respuesta a la cuestión 4?

7. Entonces, ¿se puede hallar la superficie pedida? En caso afirmativo, calcúlala, utilizando el número 3,14 como aproximación de π; en caso contrario, indica qué dato hace falta y calcúlalo.

8. Responde a la cuestión planteada.

➢ Jaime ha comprado un cubo de madera que estaba sin pintar y ha coloreado las seis caras de rojo. Después, sin desmontar el cubo, lo ha recortado con una sierra, formando 27 cubitos iguales. ¿Cuántos de estos cubitos han quedado sin colorear? ¿Cuántos han quedado con una cara coloreada? ¿Y con dos? ¿Y con tres? ¿Y con más de tres?

1. ¿Cómo se puede recortar un cubo para que quede dividido en 27 cubitos iguales? Haz un dibujo que permita ver la situación.

2. ¿Recuerda el cubo recortado a algún juego? ¿Cuál?

3. ¿Qué tiene que pasarle a un cubito para que no tenga ninguna cara coloreada?

4. Entonces, ¿cuántos cubitos han quedado sin colorear? Ayúdate del dibujo o del juego comentado en la cuestión 2 para responder a esta pregunta.

5. ¿Qué tiene que ocurrirle a un cubito para que solo tenga una cara coloreada?

6. Entonces, ¿en qué posición debe estar un cubito para que solo tenga una cara coloreada?

7. En consecuencia, ¿cuántos cubitos han quedado con una cara coloreada? ¿Por qué?

8. Observa de nuevo el dibujo de la cuestión 1 (o el juego indicado en la cuestión 2). ¿Qué posición debe ocupar un cubito para que tenga dos caras coloreadas?

9. Entonces, ¿cuántos cubitos han quedado con dos caras coloreadas? ¿Por qué? Observa bien el dibujo (o el juego) para hacer el recuento.

10. ¿Qué posición debe ocupar un cubito en el cubo original para que tenga tres caras coloreadas?

11. Entonces, ¿cuántos cubitos han quedado con tres caras coloreadas?

12. ¿En qué posición debe estar un cubito para que tenga más de tres caras coloreadas?

13. Entonces, ¿cuántos cubitos han quedado con más de tres caras coloreadas?

14. Comprueba que los resultados obtenidos tienen sentido.

15. Responde a las preguntas planteadas.

➤ Lydia también ha comprado un cubo de madera, como el de Jaime. Asimismo, ha coloreado las seis caras de rojo. En cambio, lo ha recortado formando 64 cubitos iguales, en lugar de 27. ¿Cuántos cubitos de cada tipo ha formado?

1. Haz un dibujo que permita ver la situación con más claridad.

2. Determina el número de cubitos que quedan sin colorear. Fíjate bien en el dibujo y no te dejes engañar por las apariencias.

3. Halla la cantidad de cubitos que quedan con una cara coloreada. Argumenta la respuesta.

4. ¿Cuántos cubitos quedan con dos caras coloreadas? Justifica la respuesta.

5. ¿Cuántos cubitos se forman que tengan tres caras coloreadas? Razona la respuesta.

6. Calcula el número de cubitos que hay con más de tres caras coloreadas.

7. Comprueba que los resultados obtenidos tienen sentido.

8. Responde a la pregunta.

➤ Llevado por la emoción, Jaime ha comprado otro cubo y, después de colorear sus seis caras de rojo, lo ha recortado formando 125 cubitos iguales. ¿Cuántos cubitos de cada tipo ha formado?

1. Haz un dibujo que permita ver la situación con más claridad.

2. Para determinar el número de cubitos que quedan sin colorear, imagina que se le quita la «capa de cubitos de fuera» al cubo original, como si se le quitara «la corteza». ¿Qué dimensiones tiene el cubo que queda? ¿Cuántos cubitos lo forman?

3. ¿Cuántos cubitos con una cara coloreada hay en cada cara del cubo original? Entonces, ¿cuántos cubitos con una cara coloreada se forman?

4. ¿Cuántos cubitos con dos caras coloreadas hay en cada arista del cubo original? Entonces, ¿cuántos cubitos hay con dos caras coloreadas?

5. ¿Cuántos cubitos hay con tres caras coloreadas? ¿Y con más de tres?

6. Comprueba que los resultados obtenidos tienen sentido.

7. Responde a la pregunta planteada.

➢ Después de ver los resultados obtenidos, Jaime y Lydia pensaron en generalizar el problema: si en lugar de recortar el cubo formando 27 cubitos (que es igual a 3^3), 64 cubitos (que coincide con 4^3) o 125 cubitos (que es 5^3), lo hicieran de modo que se formaran n^3 cubitos, siendo n un número natural, ¿cuántos cubitos de cada tipo habría, dependiendo del valor de n?

1. Como antes, para hallar la cantidad de cubitos que quedarían sin colorear, imagina que se le quitara la «capa de cubitos de fuera» al cubo original, de dimensiones $n \times n \times n$, como si se le quitara «la corteza». ¿Qué dimensiones tendría el cubo que quedaría? ¿Cuántos cubitos lo formarían?

2. Imagina que, en una cara del cubo original, se quitaran los cubitos que forman el borde (que son las aristas del cubo original). ¿Cuántos cubitos quedarían en esa cara? ¿Por qué?

3. Entonces, ¿cuántos cubitos con una cara coloreada habría en cada cara del cubo original? ¿Y en el cubo completo?

4. Imagina que, en una arista del cubo original, se quitaran los dos cubitos de las esquinas. ¿Cuántos cubitos quedarían en la arista?

5. Entonces, ¿cuántos cubitos con dos caras coloreadas habría en cada arista del cubo original? ¿Y en el cubo completo?

6. ¿Cuántos cubitos habría con tres caras coloreadas? ¿Y con más de tres?

7. Comprueba que los resultados obtenidos tienen sentido.

8. Responde a la pregunta planteada.

9. Comprueba que el resultado general coincide con los anteriores, cuando se toma $n = 3$, $n = 4$ y $n = 5$, respectivamente.

➤ Una editorial tiene previsto lanzar al mercado una novela. Después de realizar un estudio, ha llegado a la conclusión de que, si el precio de venta fuera de 25 €, se venderían 14 000 ejemplares durante el primer año y que, por cada 50 céntimos que se rebaje el precio, se venderán 1000 ejemplares más en el mismo periodo. ¿Cuál debe ser el precio de venta para conseguir los mayores ingresos posibles durante el primer año? ¿A cuánto ascienden dichos ingresos?

1. ¿Cuáles serían los ingresos del primer año si el precio de venta fuera de 25 €?

2. ¿Y si se hiciera una rebaja de 50 céntimos? Razona la respuesta.

3. ¿Y si se hicieran dos rebajas de 50 céntimos? Explica la respuesta.

4. ¿Y si se hicieran tres?

5. En general, si llamamos x al número de veces que se rebajan 50 céntimos al precio inicial de 25 €, ¿qué expresión algebraica permite escribir el precio de cada ejemplar, dependiendo de x?

6. ¿Y qué expresión algebraica permite indicar el número de ejemplares vendidos durante el primer año, dependiendo también de x?

7. Entonces, ¿cuál es la expresión algebraica que permite determinar los ingresos del primer año, según los valores de x? ¿Por qué?

8. Simplifica la expresión obtenida en la cuestión anterior, realizando paso a paso las operaciones necesarias, y ordena el polinomio resultante.

9. De este modo, si llamamos $f(x)$ a la función que expresa los ingresos del primer año, dependiendo del número de veces que se rebajen 50 céntimos al precio inicial de 25 €, ¿cuál es la expresión algebraica de $f(x)$?

10. ¿Qué tipo de función es? ¿Por qué? ¿Qué forma tiene su gráfica?

11. Observa el coeficiente principal de la expresión algebraica de la función. ¿Qué signo tiene? ¿Qué conclusión se puede sacar?

12. Entonces, ¿con qué punto de la gráfica coincide el máximo de la función?

13. Calcula paso a paso el valor de la abscisa de este punto.

14. ¿Qué significa el resultado obtenido?

15. Calcula razonadamente el precio óptimo, es decir, el precio de venta que permite conseguir los mayores ingresos posibles.

16. Responde a la primera pregunta planteada en el enunciado.

17. Calcula los ingresos correspondientes a este precio de venta.

18. Responde a la segunda pregunta del enunciado.

19. Imagina que el máximo de la función se hubiera alcanzado en un valor decimal de la variable independiente. ¿Tendría sentido? ¿Por qué?

➢ Fernando quiere vallar una parcela rectangular, aprovechando un muro recto ya existente, como se muestra en el dibujo. Para ello, dispone de 120 m de valla. ¿Qué dimensiones debe tener la parcela para que tenga la mayor superficie posible? ¿Cuál es el valor de dicha superficie?

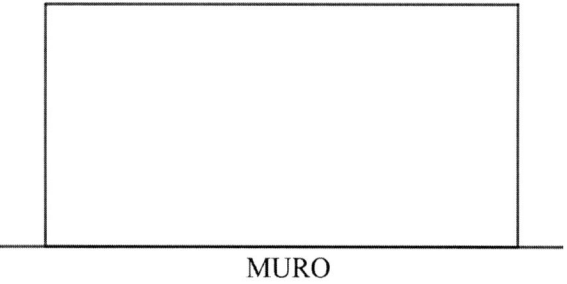

MURO

1. La longitud de cada uno de los lados perpendiculares al muro se denota por x. Teniendo en cuenta que la valla mide 120 m, ¿cómo se puede expresar la longitud del lado paralelo al muro, dependiendo de x? Razona la respuesta.

2. Escribe la expresión algebraica correspondiente a la longitud de cada lado de la parcela en un lugar adecuado del dibujo.

3. ¿Cuál es la expresión algebraica que permite calcular la superficie de la parcela, dependiendo de x? ¿Por qué?

4. Escribe la expresión obtenida en la cuestión anterior como un polinomio ordenado.

5. Así pues, si llamamos $f(x)$ a la función que permite indicar la superficie de la parcela, dependiendo del valor de x, ¿cuál es la expresión algebraica de $f(x)$?

6. ¿Qué tipo de función es? ¿Por qué? ¿Qué forma tiene su gráfica, teniendo en cuenta el signo del coeficiente principal?

7. Entonces, ¿con qué punto de la gráfica coincide el máximo de la función?

8. Calcula el valor de la abscisa de este punto.

9. ¿Qué significa el resultado obtenido?

10. ¿Cuáles son las dimensiones que hacen que la superficie sea lo mayor posible?

11. Responde a la primera pregunta planteada en el enunciado.

12. Calcula la superficie de la parcela que tiene las dimensiones indicadas en la cuestión anterior.

13. Responde a la segunda pregunta del enunciado.

14. Imagina que el máximo de la función se hubiera alcanzado en un valor decimal de la variable independiente. ¿Tendría sentido? ¿Por qué?

➤ Los pueblos *A*, *B* y *C* son los vértices de un triángulo rectángulo, con el ángulo recto en *B*. Hay una carretera recta de 25 km que une *A* y *B* y otra carretera, también recta, que conecta *B* y *C*, con una longitud de 60 km, pero no hay ninguna para ir directamente de *A* a *C*. Rosendo quiere ir en su todoterreno de *A* a *C*, sin pasar por *B*, realizando parte del trayecto campo a través para ahorrar tiempo. Cuando se desplaza por la carretera, Rosendo va a una velocidad de 70 km/h y, cuando lo hace por el campo, a 40 km/h. Determina la expresión algebraica de la función que mide el tiempo empleado por Rosendo en ir de *A* a *C*, dependiendo de la distancia de *B* a *P*, siendo *P* el punto de la carretera que une *B* y *C* en el que se incorpora.

1. Realiza un dibujo que describa la situación de los pueblos y las carreteras, incluyendo los datos del enunciado. Señala un punto de la carretera que une *B* y *C* para situar el lugar donde Rosendo se incorpora a ella, después de realizar el trayecto campo a través, partiendo de *A*. Este es el punto *P* descrito en el enunciado. Así pues, el recorrido de Rosendo tiene dos partes: de *A* a *P*, por el campo, y de *P* a *C*, por la carretera.

2. Para llegar de *A* a *P* en el menor tiempo posible, ¿cómo debe ser el trayecto recorrido campo a través? Represéntalo en el dibujo anterior.

3. Llamamos *x* a la distancia de *B* a *P* y $d_1(x)$ a la distancia recorrida campo a través, dependiendo de *x*. Observa el dibujo y determina su expresión algebraica.

4. ¿Cuál es la fórmula que relaciona el tiempo con la distancia recorrida y la velocidad, cuando esta es constante?

5. Entonces, ¿cómo se puede expresar el tiempo que invierte Rosendo en realizar el trayecto campo a través, dependiendo de x?

6. De manera similar, llamamos $d_2(x)$ a la distancia recorrida por carretera desde P hasta C, dependiendo de x. Observa el dibujo y halla su expresión algebraica.

7. Entonces, ¿cómo se puede expresar el tiempo que tarda Rosendo en realizar el trayecto por carretera, dependiendo de x?

8. Llamamos $f(x)$ a la función que mide el tiempo invertido por Rosendo en ir de A a C, dependiendo de x. ¿Cuál es su expresión algebraica? ¿Por qué?

9. Responde a la cuestión planteada en el enunciado.

➤ Se inscribe un círculo en un cuadrado de lado x. Obtén razonadamente la expresión algebraica de la función que mide el área de la superficie comprendida entre ambas figuras, dependiendo de x, y represéntala gráficamente.

1. ¿Qué relación existe entre el lado del cuadrado y el diámetro del círculo?

2. Entonces, ¿cómo se puede expresar el radio del círculo, dependiendo de x?

3. Escribe la expresión del área del cuadrado y del área del círculo, dependiendo de x. Argumenta la respuesta.

4. Entonces, ¿cuál es la expresión algebraica de la función que mide el área de la superficie comprendida entre ambas figuras?

5. ¿De qué tipo de función se trata?

6. Entonces, ¿qué forma tiene su gráfica?

7. ¿Cuál es el dominio de la función? Argumenta la respuesta.

8. Determina las coordenadas del vértice y las de dos puntos de la gráfica de la función.

9. ¿Pasa por el vértice la gráfica de la función? Justifica la respuesta.

10. Representa gráficamente la función, teniendo en cuenta toda la información obtenida en los apartados anteriores.

➤ Aída y Florencia juegan a un juego que consiste en tirar dos dados y sumar las puntuaciones obtenidas en ambos. Aída gana si el resultado de la suma es 5 y Florencia, si es 10. ¿Qué probabilidad tiene cada una de ganar? ¿Y si Aída apostara por el 6 y Florencia por el 7?

1. Completa esta tabla de doble entrada con el resultado de la suma, dependiendo de las puntuaciones obtenidas en cada dado.

	1	2	3	4	5	6
1						
2						
3						
4						
5						
6						

2. ¿Cuántos casos posibles hay?

3. ¿Cuál es el número de casos favorables a la obtención de un 5 al sumar las puntuaciones de los dos dados? ¿Cuáles son estos casos?

4. ¿Y el número de casos favorables a la obtención de un 10? ¿Cuáles son?

5. Entonces, ¿cuál es la probabilidad de que la suma sea 5? ¿Y la de que sea 10? Razona la respuesta.

6. Responde a la primera pregunta formulada en el enunciado.

7. Calcula razonadamente las probabilidades necesarias para responder a la segunda pregunta.

8. Responde a la segunda pregunta.

9. Imagina que, en lugar de la tabla de doble entrada, se hubiera considerado el espacio muestral $\Omega = \{2, 3, 4, 5, 6, 7, 8, 9, 10, 11, 12\}$, que recoge todos los posibles resultados de la suma de las puntuaciones de los dos dados. ¿Sería adecuado para resolver el problema? ¿Por qué?

25. Darío y Vanesa juegan con una baraja española que incluye las cartas numeradas con 8 y 9 al «Juego del 12». Este juego consiste en lo siguiente:

En primer lugar, Darío saca una carta al azar. Si es un rey, gana la partida y el juego termina; si no es un rey, la coloca boca arriba y, a continuación, Vanesa elige una carta al azar. Si la carta de Vanesa es un rey o si la suma del número de esta carta y el de la que está boca arriba es igual a 12, Vanesa gana y acaba la partida; si no, la deja boca arriba, junto a la otra. Entonces, Darío elige una carta al azar. Si es un rey o si la suma del número de su carta y el de alguna de las dos que están descubiertas es igual a 12, gana la partida Darío; si no, deja la carta boca arriba, junto a las otras dos, y Vanesa saca una carta al azar. Si la carta es un rey o si la suma del número de esta carta y el de alguna de las tres que están descubiertas es igual a 12, gana; si no, la deja boca arriba y Darío vuelve a sacar una carta al azar. El juego continúa así, sucesivamente, hasta que alguno de los dos saque un rey o una carta que tenga un número tal que, sumado con el de alguna de las cartas descubiertas, sea igual a 12.

Responde a las cuestiones que se plantean a continuación, relacionadas con el «Juego del 12».

1. Calcula razonadamente la probabilidad de que Darío gane al extraer la primera carta.

2. Cuando Vanesa va a sacar su primera carta, Darío ya ha colocado una boca arriba. ¿Qué carta puede ser? ¿Por qué? ¿Cuántas cartas quedan en la baraja en ese momento?

3. Imagina que la primera carta extraída por Darío fuera un 5. ¿Qué carta necesitaría sacar Vanesa para ganar en su primer turno? ¿Por qué?

4. Entonces, ¿cuántas cartas le resultarían favorables para ganar? ¿Por qué?

5. En tal caso, ¿cuál sería la probabilidad de que Vanesa ganara en su primer turno? Razona la respuesta.

6. ¿Y si la primera carta extraída por Darío hubiera sido un 2? ¿Cuál sería la probabilidad de que Vanesa ganara en su primer turno? Argumenta la respuesta.

7. Compara las respuestas a las cuestiones 5 y 6. ¿Qué sucede?

8. ¿Ocurrirá lo mismo con cualquier carta que Darío saque en su primera extracción (que no sea un rey)? ¿O hay alguna que haga cambiar este resultado? Explica la respuesta.

9. Cuando Darío comienza la partida, desea sacar un rey para así ganar directamente. Pero, si no es un rey, ¿qué otra carta prefiere? ¿Por qué?

10. Imagina que, en un momento de la partida, estuvieran sobre la mesa el 1 de copas, el 7 de bastos, la sota de oros, el 3 de oros y el 4 de espadas. ¿De quién sería el turno? ¿Por qué?

11. ¿Cuántas cartas quedarían en la baraja en ese momento?

12. ¿Qué carta necesitaría la persona de turno para ganar en este momento?

13. Entonces, ¿qué probabilidad tendría de ganar en este turno? Razona la respuesta.

14. ¿Y si en la mesa estuvieran el 8 de oros, el 6 de copas, el caballo de bastos, el 8 de copas y el 3 de espadas? ¿Qué probabilidad tendría de ganar en este turno?

15. ¿Sería posible que estuvieran en la mesa el 5 de espadas, la sota de bastos, el 1 de oros, el 7 de oros y el 6 de copas? En caso afirmativo, ¿cuál sería la probabilidad de que ganara en ese momento el jugador de turno?

26. Observa la tabla de compatibilidad de los distintos grupos sanguíneos y contesta a las cuestiones planteadas.

Receptor	Donante							
	0+	0–	A+	A–	B+	B–	AB+	AB–
0+	X	X						
0–		X						
A+	X	X	X	X				
A–		X		X				
B+	X	X			X	X		
B–		X				X		
AB+	X	X	X	X	X	X	X	X
AB–		X		X		X		X

1. Un donante universal es una persona cuya sangre se puede transfundir a cualquier otra, sea del grupo que sea. ¿A qué grupo sanguíneo pertenecen los donantes universales?

2. En cambio, un receptor universal es una persona que puede recibir una transfusión de sangre de cualquier otra, sea del grupo que sea. ¿A qué grupo sanguíneo pertenecen los receptores universales?

3. En esta otra tabla, se muestra la distribución de los habitantes de una ciudad, dependiendo del grupo sanguíneo al que pertenecen, según datos de las autoridades sanitarias. Completa la tabla.

Grupo sanguíneo	Número de personas (frecuencia absoluta)	Proporción de personas (frecuencia relativa)	Porcentaje
0+	283 104		
0–	70 776		
A+	267 376		
A–	62 912		
B+	62 912		
B–	15 728		
AB+	19 660		
AB–	3932		
Total	786 400		

4. Calcula razonadamente la probabilidad de que una persona elegida al azar sea donante universal.

5. ¿Cuál es la probabilidad de que una persona elegida al azar sea receptor universal?

6. Una persona del grupo A+ ha tenido un accidente y necesita una transfusión de sangre. ¿Cuál es la probabilidad de que un donante elegido al azar sea compatible con esta persona? Razona la respuesta.

7. ¿Qué es más probable, encontrar un donante para una persona del grupo A+ o para una del B+?

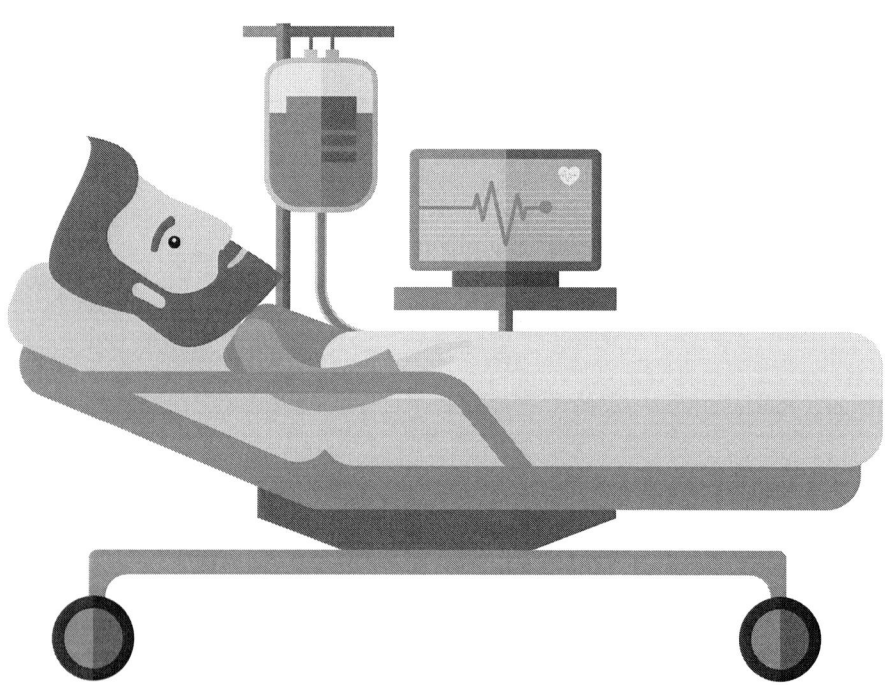

RESOLUCIÓN
DE LOS PROBLEMAS

PARA ENTENDER EL PROBLEMA

1. Lee el siguiente enunciado e indica si se puede responder a las preguntas planteadas con los datos que se dan. Justifica las respuestas.

   Cinco amigos se reparten el premio de un sorteo, de 40 000 €, de la siguiente manera:

   — Tomás se lleva las tres octavas partes del premio.

   — Sara percibe una tercera parte de la cantidad recibida por Tomás.

   — A Josefa le corresponde el doble que a Nerea, quien, a su vez, se lleva una cantidad igual a las 6/5 partes de lo que recibe Sara.

   — Simón se queda con el resto.

   a) ¿Cuánto dinero recibe cada uno de los amigos? Si es posible, indica cómo se calcularía, pero sin realizar las operaciones.

   ☒ Sí puedo responder a la pregunta.

   ☐ No puedo responder a la pregunta.

   Justificación: *para saber cuánto corresponde a Tomás, se calcularían los 3/8 de 40 000. Para calcular la cantidad correspondiente a Sara, se dividiría por 3 el resultado obtenido. Luego, se calcularían los 6/5 de esta última cantidad, y esa sería la parte de Nerea. A continuación, se multiplicaría por 2 la cantidad percibida por Nerea, resultando la cantidad que recibe Josefa.*

   Finalmente, para hallar la parte que se queda Simón, se sumarían las cantidades recibidas por estos cuatro amigos y el resultado se restaría de 40 000.

   b) ¿Se podría hacer una lista con los nombres de estos cinco amigos, ordenados de menor a mayor cantidad recibida?

   ☒ Sí puedo responder a la pregunta.

   ☐ No puedo responder a la pregunta.

   Justificación: *una vez calculada la cantidad que le corresponde a cada uno, queda claro cómo se ordenarían de menor a mayor.*

c) ¿Es justo este reparto? ¿Por qué?

☐ Sí puedo responder a la pregunta.

☒ No puedo responder a la pregunta.

Justificación: *no se conocen las razones por las que se ha realizado el reparto de este modo; podría ser por la edad de cada uno, por la cantidad que inicialmente cada uno aportó para participar en el sorteo, por azar, por puro capricho, etc.*

d) ¿Es justo este reparto, si el boleto les costó 20 €? ¿Por qué?

☐ Sí puedo responder a la pregunta.

☒ No puedo responder a la pregunta.

Justificación: *por la misma razón: no se conoce la aportación de cada uno para comprar el boleto, ni si el reparto se hace dependiendo de esta aportación.*

e) ¿Qué datos se necesitan para saber si el reparto ha sido justo?

Se necesita saber, sobre todo, el criterio por el cual se ha realizado el reparto de este modo. Si dependiera de la cantidad aportada por cada uno para comprar el boleto (que es lo más habitual), se necesitaría conocer dichas cantidades.

2. Indica si se puede resolver cada uno de los siguientes problemas con la información de sus enunciados. Justifica las respuestas.

➢ 800 personas se presentan a unas oposiciones, que constan de dos pruebas eliminatorias. Las tres quintas partes no superan la primera prueba y, de las que pasan a la segunda, aprueba la cuarta parte. ¿Cuántas personas superan las dos pruebas?

☒ Sí lo puedo resolver con estos datos.

☐ No lo puedo resolver con estos datos.

Justificación: *como sabemos cuántas personas se presentan a las oposiciones y la fracción de ellas que no supera la primera prueba, podemos calcular el número de personas que suspenden esta prueba y, restando, sabemos cuántas la aprueban. Así pues, conocemos el número de personas que realizan la segunda prueba y también qué fracción de ellas la superan, por lo que podemos determinar cuántas personas la aprueban.*

➤ Nuria, Piedad y Rocío van a comprar un regalo para el cumpleaños de Anselmo. Nuria aporta la mitad del precio del regalo; Piedad, 15 €, y Rocío, el resto. ¿Cuánto cuesta el regalo de Anselmo? ¿Cuánto aportan Nuria y Rocío?

☐ Sí lo puedo resolver con estos datos.

☒ No lo puedo resolver con estos datos.

Justificación: *con los datos proporcionados, el regalo podría costar cualquier cantidad superior a 30 €. Por ejemplo, podría costar 40 € (Nuria pondría 20 € y Rocío 5 €) o 50 € (Nuria pondría 25 € y Rocío 10 €), entre otras soluciones.*

➤ En un supermercado, una tableta de chocolate cuesta 2,25 € y un paquete de galletas, 1,50 €. Felipe compró varios paquetes de galletas y varias tabletas de chocolate y se gastó 19,50 €. ¿Cuántas tabletas de chocolate compró? ¿Y cuántos paquetes de galletas?

☐ Sí lo puedo resolver con estos datos.

☒ No lo puedo resolver con estos datos.

Justificación: *al plantearlo, tenemos una sola ecuación con dos incógnitas, por lo que existen varias cantidades que cumplen las condiciones del enunciado. Por ejemplo, podrían ser dos tabletas de chocolate y 10 paquetes de galletas (2 · 2,25 + 10 · 1,50 = 19,50) o cuatro tabletas de chocolate y siete paquetes de galletas (4 · 2,25 + 7 · 1,50 = 19,50), entre otras soluciones.*

➤ Los socios de un club de fútbol deben pagar una cuota anual de 500 €, más 12 € por cada partido al que asistan. Si un socio se gastó, en total, 608 €, ¿a cuántos partidos asistió?

☒ Sí lo puedo resolver con estos datos.

☐ No lo puedo resolver con estos datos.

Justificación: *como conocemos el gasto total y el precio de la cuota anual, restando, sabemos cuánto pagó por asistir a los partidos. Dividiendo esta cantidad entre 12, que es el precio de cada partido, resulta el número de partidos a los que asistió.*

➤ Jorge ha elaborado un plan de estudio para la semana previa a los exámenes finales. Su plan consiste en estudiar cada día 30 minutos más que el día anterior. Si sigue este plan, ¿cuánto tiempo estudiará el día justo antes de los exámenes?

☐ Sí lo puedo resolver con estos datos.

☒ No lo puedo resolver con estos datos.

Justificación: *necesitaríamos saber cuánto tiempo dedica Jorge a estudiar el primer día de la semana previa a los exámenes finales. Dicho de otro modo, se trata de una progresión aritmética, de la que conocemos la diferencia, pero no el primer término, por lo que no podemos calcular el séptimo.*

➤ Una carrera de bicicletas se celebra en un circuito formado por dos tramos rectos paralelos, de 400 m cada uno, y dos semicircunferencias, de 60 m de radio. La prueba consiste en dar 20 vueltas al circuito. A los 16 minutos de iniciada la carrera, el ciclista que va en primera posición alcanza al último, llevándole una vuelta de ventaja. ¿Qué distancia ha recorrido cada ciclista en ese momento?

☐ Sí lo puedo resolver con estos datos.

☒ No lo puedo resolver con estos datos.

Justificación: *sería necesario conocer la velocidad o el número de vueltas dadas por alguno de los dos ciclistas.*

➤ El bombo de la batería de un grupo de rock tiene un diámetro de 56 cm. ¿Cuál es la superficie que ocupa el parche sobre el que golpea la maza?

☒ Sí lo puedo resolver con estos datos.

☐ No lo puedo resolver con estos datos.

Justificación: *para calcular la superficie de un círculo, es necesario conocer el radio, el cual podemos obtener dividiendo el diámetro por 2.*

➢ Una mañana, había 4500 bañistas en una playa de Benidorm, cada uno de los cuales había extendido su toalla en la arena, para tumbarse sobre ella. Había toallas de tres tamaños: 180 cm × 110 cm, 160 cm × 100 cm y 150 cm × 85 cm. ¿Qué superficie de la playa estaba cubierta con toallas?

☐ Sí lo puedo resolver con estos datos.

☒ No lo puedo resolver con estos datos.

Justificación: *con los datos que se dan, se puede calcular la superficie que ocupa cada toalla, dependiendo del tipo del que se trate. Asimismo, se conoce el número total de toallas, pues coincide con el de bañistas. Sin embargo, como no se sabe cuántas toallas había de cada tipo, no se puede calcular con exactitud la superficie de la playa que estaba cubierta con toallas.*

➢ La Gran Pirámide de Keops tiene base cuadrangular y una altura de 146,6 m. ¿Cuál es su volumen?

☐ Sí lo puedo resolver con estos datos.

☒ No lo puedo resolver con estos datos.

Justificación: *para calcular el volumen de una pirámide, es necesario conocer el área de la base y la altura. Sin embargo, aunque se sabe que la base es cuadrada, no se puede calcular su área, puesto que no se indica cuánto mide su lado.*

➢ Eloísa vive en Madrid y, cada tarde, a las 18:00 h, juega dos partidas de ajedrez a través de Internet con su amigo Nacho, que vive en Santiago de Chile. Las coordenadas geográficas de la casa de Eloísa son, aproximadamente, 40º 24' N 3º 42' O. Nacho no conoce la latitud a la que se encuentra su casa, pero sabe que su longitud es, aproximadamente, 70º 39' O. ¿A qué hora juega Nacho al ajedrez con Eloísa?

☒ Sí lo puedo resolver con estos datos.

☐ No lo puedo resolver con estos datos.

Justificación: *aunque no se conoce la latitud de la casa de Nacho, se puede calcular la diferencia horaria, ya que esta solo depende de la longitud. Habría que restar las longitudes y, a continuación, dividir el resultado entre 15, que son los grados de cada huso horario. Por último, una vez hallada la diferencia horaria, se restaría de la hora que es en Madrid cuando juegan al ajedrez, dato que también se conoce.*

➤ La nota media de un examen de Matemáticas de un grupo de 3.º de ESO, sin incluir la de Omar, quien no pudo asistir al examen, fue de 6,8 puntos. ¿Qué puntuación debe obtener Omar cuando realice el examen para que la nota media del grupo sea de 7 puntos?

☐ Sí lo puedo resolver con estos datos.

☒ No lo puedo resolver con estos datos.

Justificación: *sería necesario conocer el número de estudiantes que forman el grupo.*

➤ El espacio muestral asociado al experimento consistente en elegir un helado de un congelador, sin mirar el sabor, es Ω = {Chocolate, Fresa, Nata, Turrón, Vainilla}. ¿Cuál es la probabilidad de que el helado elegido sea de turrón?

☐ Sí lo puedo resolver con estos datos.

☒ No lo puedo resolver con estos datos.

Justificación: *aunque se conoce el espacio muestral, no se sabe si los sucesos elementales son equiprobables. Podría suceder, por ejemplo, que no hubiera el mismo número de helados de cada sabor.*

➤ En un experimento aleatorio, se consideran los sucesos A = {Blanco, Rojo, Negro, Verde} y $\bar{A}$ = {Amarillo, Azul, Marrón, Naranja}. ¿Cuál es el espacio muestral?

☒ Sí lo puedo resolver con estos datos.

☐ No lo puedo resolver con estos datos.

Justificación: *el espacio muestral siempre es igual a la unión de un suceso y su contrario. Como se conocen los sucesos elementales del suceso A y los de su contrario, se puede hallar su unión, la cual proporciona el espacio muestral.*

➤ En un experimento aleatorio, se consideran los sucesos A y B, cuyas probabilidades son 0,35 y 0,78, respectivamente. ¿Cuál es la probabilidad del suceso $A \cup B$?

☐ Sí lo puedo resolver con estos datos.

☒ No lo puedo resolver con estos datos.

Justificación: *la probabilidad de la unión se calcula con la fórmula:*

$$P(A \cup B) = P(A) + P(B) - P(A \cap B)$$

Por tanto, hace falta conocer la probabilidad de la intersección, que no se da en el enunciado ni puede obtenerse a partir de los datos proporcionados.

3. Lee los siguientes enunciados y escribe, para cada uno de ellos, dos preguntas que puedan contestarse con los datos aportados.

➢ En una carnicería, el precio del kilo de ternera es el triple del precio del kilo de pechuga de pollo. Un cliente compró 2 kg de ternera y 3 kg de pechuga de pollo, gastándose 31,50 €.

Dos posibles preguntas son: *¿Cuál es el precio del kilo de ternera? ¿Y el precio del kilo de pechuga de pollo?*

➢ Un autobús sale de Sevilla, con destino París, a las 8:00 h. Tres horas más tarde, sale un coche que realiza el mismo recorrido. La velocidad media del autobús es de 90 km/h y la del coche, de 120 km/h.

Dos posibles preguntas son: *¿A qué hora alcanza el coche al autobús? ¿Qué distancia han recorrido en ese momento?*

➢ En un examen tipo test, por cada pregunta acertada, se obtienen tres puntos y, por cada pregunta fallada, se restan dos puntos. Lourdes contestó a las 40 preguntas del examen y obtuvo 95 puntos.

Dos posibles preguntas son: *¿Cuántas preguntas respondió Lourdes correctamente? ¿Y cuántas falló?*

➢ Un depósito tiene tres entradas de agua: la entrada *A*, la entrada *B* y la entrada *C*. Cuando solo se abre la *A*, el depósito tarda 20 h en llenarse por completo; cuando solo se abre la *B*, el depósito se llena en 15 h; cuando solo se abre la *C*, el depósito tarda 10 h en llenarse.

Dos posibles preguntas son: *¿Cuánto tiempo tarda en llenarse el depósito si se abren las entradas A y B a la vez? ¿Y si se abren las tres entradas a la vez?*

➢ Sebastián trabajó cierto número de horas en un restaurante y ganó 280 €. Si hubiera trabajado cinco horas más, al mismo precio por hora, habría ganado 320 €.

Dos posibles preguntas son: *¿Cuántas horas trabajó Sebastián en el restaurante? ¿Cuál fue el precio por hora de trabajo?*

➤ Dos números positivos se diferencian en 12 unidades y el producto de ambos es igual a 988.

Dos posibles preguntas son: *¿Cuál es el número más pequeño? ¿Y el mayor?*

➤ En una fábrica de turrón, se forman piezas de 6 kg, que, al día siguiente, cuando están más duras, se cortan en tabletas de 300 g. En una hora, se pueden cortar 40 de estas piezas.

Dos posibles preguntas son: *¿Cuántas tabletas de turrón salen de cada pieza? ¿Cuántas tabletas de turrón se pueden formar en una hora?*

➤ Carlos ha recorrido 20 km con su bicicleta, cuyas ruedas tienen 30 cm de radio.

Dos posibles preguntas son: *¿Cuántas vueltas han dado las ruedas de la bicicleta? ¿Qué distancia recorrería Carlos si las ruedas dieran 2000 vueltas?*

➤ Una cañería recta, de 168 m de largo y 45 cm de diámetro, está llena de agua.

Dos posibles preguntas son: *¿Cuántos litros de agua hay en la cañería? ¿Cuánto mide la superficie de contacto entre la cañería y el agua?*

➤ En una zona rural, se vende una parcela rectangular, de 260 m de largo y 140 m de ancho, a 3,35 €/m².

Dos posibles preguntas son: *¿Cuál es el precio de la parcela? ¿Cuántos metros de valla hacen falta para rodearla?*

➤ Un edificio proyecta una sombra de 9,6 m, en el mismo momento en el que la longitud de la sombra de un buzón de correos es de 48 cm. El buzón mide 1,2 m de altura.

Dos posibles preguntas son: *¿Qué teorema se puede usar para calcular la altura del edificio? ¿Cuál es esta altura?*

➤ Una lámpara tiene forma de tronco de cono y su parte lateral está forrada de tela. Mide 20 cm de altura y sus bases tienen un diámetro de 15 cm y 10 cm, respectivamente.

Dos posibles preguntas son: *¿Qué teorema se puede usar para calcular la superficie de tela que tiene la lámpara? ¿Cuál es esta superficie?*

➢ Mauricio ha decorado un dodecaedro de escayola, pintando cada cara de un color distinto.

Dos posibles preguntas son: *¿Cuántos colores distintos ha utilizado Mauricio? ¿Cuántas líneas separan unos colores de otros?*

➢ El lado oblicuo de un trapecio rectángulo mide 18 cm y sus bases, 22 cm y 30 cm, respectivamente.

Dos posibles preguntas son: *¿Cuál es el perímetro del trapecio? ¿Cuál es el área del trapecio?*

➢ La Estación Espacial Internacional gira alrededor de la Tierra a una distancia de 400 km de su superficie. El radio de la Tierra mide, aproximadamente, 6371 km.

Dos posibles preguntas son: *¿Qué distancia recorre la Estación Espacial Internacional en cada vuelta que da alrededor de la Tierra? ¿Qué superficie de la Tierra se divisa desde la Estación Espacial Internacional en un momento dado?*

➢ Berta tiene 28 fichas de dominó, de 3,5 cm de largo y 1,9 cm de ancho, y quiere colocarlas sobre un tablero cuadrado de 13 cm de lado, sin superponerlas y sin que sobresalgan.

Dos posibles preguntas son: *¿Es posible colocar las fichas como pretende Berta? En caso afirmativo, ¿qué superficie del tablero sobraría?; en caso negativo, ¿cuánta superficie le falta al tablero?*

➢ Por la realización de unas obras en un jardín circular, que estaba completamente sembrado de césped, se han arrancado 21 m² de esta hierba, quedando 29,24 m² sin arrancar.

Dos posibles preguntas son: *¿Cuál es el radio del jardín? ¿Cuánto mide el contorno del jardín?*

➢ Al poner en marcha un congelador, la temperatura ambiental era de 26 ºC. Una vez que el aparato se puso en funcionamiento, la temperatura en su interior fue bajando, a razón de 2 ºC cada cinco minutos, hasta que, pasadas dos horas, alcanzó la temperatura mínima.

Dos posibles preguntas son: *¿Cuál es esa temperatura mínima? ¿Cuánto tiempo pasó hasta que la temperatura en el interior del congelador fue de 0 °C?*

➤ El precio de un parking es de 1,65 € por hora o fracción, con un máximo de 15 € al día.

Dos posibles preguntas son: *¿Cuánto costará aparcar durante dos horas y media? ¿Cuál es el precio por hora si se paga el máximo diario?*

➤ Una pelota se lanza hacia arriba, en vertical, desde una altura de 2 m. La distancia de la pelota al suelo, medida en metros, dependiendo del tiempo transcurrido desde que se lanzó, expresado en segundos, viene dada por la función $f(t) = -4,9t^2 + 15t + 2$.

Dos posibles preguntas son: *¿Cuánto tarda en alcanzar la altura máxima? ¿Cuánto tarda en tocar el suelo por primera vez?*

➤ Ainhoa ha obtenido estas notas en los exámenes de Matemáticas realizados durante el curso: 8, 9, 6, 7, 8, 7, 9, 7, 8, 7.

Dos posibles preguntas son: *¿Cuál es la nota media de Ainhoa en Matemáticas? ¿Cuál es la nota que más veces ha obtenido?*

➤ Salomón saca una canica, al azar, de una caja que contiene cinco canicas blancas y siete rojas.

Dos posibles preguntas son: *¿Cuál es la probabilidad de que la canica extraída sea blanca? ¿Y la de que sea roja?*

➤ Juan tira un dado con forma de dodecaedro, con las caras numeradas del 1 al 12.

Dos posibles preguntas son: *¿Cuál es la probabilidad de que Juan obtenga un 1? ¿Y la de que obtenga un número par?*

➤ Mateo extrae, al azar, una carta de una baraja española.

Dos posibles preguntas son: *¿Cuál es la probabilidad de que la carta elegida sea de oros? ¿Y la de que sea un rey?*

➤ Un jugador de la selección española de baloncesto, que encesta el 85 % de los tiros libres, se dispone a lanzar uno.

Dos posibles preguntas son: *¿Cuál es la probabilidad de que enceste el tiro libre? ¿Y la de que lo falle?*

➢ El espacio muestral asociado a cierto experimento aleatorio es $\Omega = \{$a, b, c, d, e, f, g, h, i, j, k, 1, 2, 3, 4$\}$. Se consideran los sucesos $A = \{$a, b, c, d, e, 1, 2, 3, 4$\}$ y $B = \{$a, d, e, f, g, h, 2, 4$\}$.

Dos posibles preguntas son: *¿Cuáles son los elementos del suceso $A \cup B$? ¿Y los del suceso $A \cap B$?*

➢ Valentín ha hecho girar 100 veces una ruleta, formada por tres colores, y ha obtenido los siguientes resultados: azul, 30 veces; rojo, 60 veces; verde, 10 veces.

Dos posibles preguntas son: *¿Cuál es la frecuencia relativa correspondiente a cada color? ¿Qué color tiene más probabilidad de salir?*

4. Escribe un enunciado adecuado para cada una de las siguientes preguntas.

➢ ¿Cuál es la probabilidad de que Mercedes obtenga una cara en una moneda y una cruz en la otra?

Un posible enunciado es: *Mercedes lanza dos monedas a la vez.*

➢ ¿Cuál es la probabilidad de que Jimena saque el 3 de copas?

Un posible enunciado es: *Jimena saca una carta, al azar, de una baraja española.*

➢ ¿Cuál es la probabilidad de que la suma de las puntuaciones obtenidas en cada uno de los tres dados sea igual a 12?

Un posible enunciado es: *se lanzan tres dados simultáneamente.*

➢ ¿Cuál es la probabilidad de que Celso saque la bola blanca y deje las nueve negras en la urna?

Un posible enunciado es: *Celso saca una bola, al azar, de una urna que contiene nueve bolas negras y una blanca.*

5. Lee los siguientes enunciados e indica qué datos no son necesarios para resolver cada problema, si es que los hay. Explica la razón.

➤ En un instituto hay 920 estudiantes. La semana pasada, 2/5 del total de los alumnos se fueron de excursión, repartidos en seis autobuses de 65 plazas cada uno. De los alumnos que fueron de excursión, las tres cuartas partes se fueron a la sierra y, del resto, la mitad se fue a la playa y la otra mitad a un museo. ¿Cuántos alumnos se fueron de excursión a la sierra?

Los datos no necesarios son: *el número de autobuses y las plazas que tienen, porque no se pregunta nada sobre ello. Asimismo, no es necesario saber dónde fueron los alumnos que no estuvieron en la sierra, ni cómo se repartieron entre la playa y el museo, porque tampoco se pregunta nada sobre esto.*

➤ La tercera parte de los alumnos de una autoescuela tienen menos de 23 años y, de ellos, 2/9 suspendieron el examen teórico. Sabiendo que 56 alumnos menores de 23 años aprobaron este examen, ¿cuántos alumnos menores de 23 años hay en la autoescuela?

Los datos no necesarios son: *el hecho de que los alumnos menores de 23 años representan la tercera parte del total de alumnos de la autoescuela, porque los demás datos y la pregunta se refieren únicamente a los alumnos menores de 23 años, y no se hace referencia al total de alumnos.*

➤ Una emprendedora ha invertido 35 000 € en un nuevo negocio, repartidos en varios conceptos: 1/28 para el alquiler del local, 1/7 para el equipamiento (mesas, sillas, ordenadores...), 3/28 para los gastos administrativos («papeleo», impuestos...), 3/140 para los gastos de suministro (luz, agua, teléfono...) y el resto, para la compra de los artículos que va a comercializar. ¿Cuánto dinero se ha gastado en cada uno de estos conceptos?

Los datos no necesarios son: *todos los datos son necesarios para responder a la pregunta planteada, porque los únicos datos aportados son el capital invertido y la parte del mismo que se destina a los conceptos por los que se pregunta.*

➢ La suma de un número y su doble es igual a 15, mientras que la suma de ese mismo número y su cuadrado es igual a 30. ¿De qué número se trata?

Los datos no necesarios son: *la relación entre el número y su cuadrado, porque, sabiendo que el número y su doble suman 15, ya se puede plantear una ecuación, con una sola incógnita, cuya solución es el número buscado.*

6. Lee las siguientes frases y escribe la expresión algebraica que describe cada una de ellas, como se muestra en el ejemplo.

> **Ejemplo:**
> El doble de la edad que tendré dentro de cuatro años:
> $$2(x + 4)$$

➢ La suma del cuadrado de un número y su doble: $x^2 + 2x$

➢ El producto de dos números consecutivos: $x(x + 1)$

➢ La suma de tres números consecutivos: $x + (x + 1) + (x + 2)$

➢ La suma de dos números pares consecutivos: $2x + (2x + 2)$

➢ El producto de dos números impares consecutivos: $(2x + 1)(2x + 3)$

➢ La diferencia entre el triple de un número y su cubo: $3x - x^3$

➢ La mitad de la suma de un número y su quíntuple: $\dfrac{x + 5x}{2}$

➢ Siete veces la séptima potencia de un número, más 7: $7x^7 + 7$

➢ Siete veces la suma de la séptima potencia de un número y 7: $7(x^7 + 7)$

➢ La diferencia entre la tercera parte de un número y 2: $\dfrac{x}{3} - 2$

➢ La tercera parte de la diferencia entre un número y 2: $\dfrac{x - 2}{3}$

➢ La cuarta potencia de la suma del cuadrado de un número y su triple: $(x^2 + 3x)^4$

➢ La suma de las dos cifras de un número, siendo una el doble de la otra: $x + 2x$

➢ El dinero que tendré dentro un mes, ahorrando cada día la misma cantidad: *30x*

➢ La superficie de un rectángulo que tiene el doble de largo que de ancho: *(2x) · x*

➢ El precio de un pantalón, después de descontarle la cuarta parte: $x - \dfrac{x}{4}$

➢ El número de sillas que hay en un salón de celebraciones, sabiendo que hay ocho sillas en cada mesa y otras 20 apiladas en el almacén: *8x + 20*

➢ Los ingresos de una familia formada por dos personas que cobran lo mismo y otra que trabaja media jornada y gana la mitad: $2x + \dfrac{x}{2}$

➢ La distancia que queda por recorrer, cuando se han recorrido 150 km: *x – 150*

➢ La altura de un edificio de 14 pisos iguales y una planta baja de 6 m: *14x + 6*

➢ La diferencia entre las superficies de dos cuadrados, si el lado de uno de ellos mide 8 m más que el lado del otro: $(x + 8)^2 - x^2$

➢ El número total de páginas de cinco libros iguales, cuatro que tienen la tercera parte y otro que tiene el doble: $5x + 4 \cdot \dfrac{x}{3} + 2x$

➢ El volumen de una caja que tiene el triple de largo que de ancho y el triple de alto que de largo: $x \cdot \left(3x\right) \cdot \left[3 \cdot \left(3x\right)\right]$

➢ El número de asientos de un cine que tiene, en cada fila, 10 butacas más que el número total de filas: *x(x + 10)*

➢ La medida del marco de un cuadro cuyo largo es 1,3 veces el ancho: *2x + 2(1,3x)*

➢ La distancia recorrida por un coche tras varias horas viajando a 120 km/h: *120x*

➢ La hipotenusa de un triángulo rectángulo isósceles: $\sqrt{x^2 + x^2}$

➢ La diferencia entre el doble de la edad que tendré dentro de tres años y la que tenía hace nueve años: *2(x + 3) – (x – 9)*

➢ La nota media de tres exámenes, si la del segundo es un punto mayor que la del primero y la del tercero es dos puntos menor que la del primero: $\dfrac{x + (x + 1) + (x - 2)}{3}$

7. Algunos de estos enunciados contienen alguna información sin sentido (puede ser la pregunta, algún dato, la forma en que están escritos...). Identifica cuáles son los errores en cada caso y razona por qué.

> El participante que ocupa la primera posición en un maratón ha recorrido 6/7 de los 42 km, mientras que el segundo lleva 7/8. ¿Cuánto le queda a cada uno para llegar a la meta?

¿Dónde está el fallo? *La fracción 6/7 es menor que 7/8, por lo que no es posible que estos participantes hayan recorrido estas fracciones del trayecto y estén en la posición indicada en el enunciado.*

> La quinta parte de los asistentes a un concierto de rock son mayores de 35 años y la sexta parte son menores de 20. Si en total han asistido 740 personas, ¿cuántas de ellas tienen entre 20 y 35 años?

¿Dónde está el fallo? *Como la cantidad de personas de cada grupo de edad tiene que ser un número natural, es necesario que el número de asistentes sea divisible por 5 y por 6, que son los denominadores de las fracciones indicadas en el enunciado. Sin embargo, teniendo en cuenta el criterio de divisibilidad, está claro que 740 no es divisible por 3, por lo que tampoco lo es por 6.*

> Una madre le dice a su hijo: tengo el quíntuple de la edad que tú tenías el año pasado y la tercera parte de la edad que tenía hace ocho. ¿Cuál es la edad de la madre? ¿Y la del hijo?

¿Dónde está el fallo? *No es posible que la edad actual de la madre sea la tercera parte de la que tenía hace ocho años. De ser así, ahora tendría menos edad que entonces.*

> En el puerto de una ciudad, cada día se descargan 1200 contenedores Dry Van de dimensiones estándar: 20 pies de largo (6,10 m), ocho pies de ancho (2,44 m) y ocho pies y seis pulgadas de alto (2,62 m). El peso bruto máximo de estos contenedores es de 30 480 kg. ¿Cuál es la densidad máxima de estos contenedores? ¿Cuál es el volumen que diariamente se descarga en este puerto?

¿Dónde está el fallo? *En este caso, no hay fallo. El enunciado tiene perfecto sentido: conociendo las dimensiones de los contenedores, multiplicando, calculamos su volumen y, dividiendo el peso bruto máximo entre él, obtenemos la densidad máxima; por otra parte, multiplicando el volumen de cada contenedor por 1200, resulta el volumen que diariamente se descarga en el puerto.*

> Cada año, una asociación cultural premia a un escritor por su labor durante ese período. El escritor J. Rodríguez ha ganado el premio cuatro veces y el escritor M. Galindo, seis. Los miembros de la asociación pronostican que, dentro de ocho años, los dos escritores habrán doblado su palmarés. Si se cumple este pronóstico, ¿cuántas veces habrá conseguido el premio cada uno de estos dos escritores?

> **¿Dónde está el fallo?** *Para que J. Rodríguez doble su palmarés, debe ganar el premio cuatro veces y, para que lo doble M. Galindo, tiene que ganarlo seis. Así pues, entre los dos, deben ganar 10 premios en los próximos ocho años, lo cual no es posible, porque solo se entrega un premio al año.*

> En una circunferencia de radio igual a 14 cm, se ha inscrito un cuadrado cuya diagonal mide 30 cm. Calcula la superficie de la zona que queda entre ambas figuras.

> **¿Dónde está el fallo?** *Puesto que el cuadrado está inscrito en la circunferencia, su diagonal debe coincidir con el diámetro de esta, lo cual no se cumple, ya que la diagonal mide 30 cm y el diámetro, 28 cm, al ser el doble del radio.*

> Los vértices de un triángulo son los puntos A, B y C. La bisectriz correspondiente al vértice A corta al lado BC en un punto P, mientras que la altura correspondiente al vértice B corta a este lado en un punto Q, distinto de los anteriores. Si AB = 10 cm, BC = 12 cm y AC = 14 cm, ¿cuánto mide la longitud del segmento PQ?

> **¿Dónde está el fallo?** *La altura correspondiente al vértice B no puede cortar al lado BC en un punto Q, distinto de los anteriores, ya que la intersección del lado BC y esta altura es precisamente el punto B.*

> La parte superior de una torre tiene forma de pirámide de base hexagonal. La altura de esta pirámide es de 7 m, el lado de la base mide 4 m y la apotema de la pirámide, 6 m. ¿Cuál es su superficie lateral?

> **¿Dónde está el fallo?** *La apotema de la pirámide, la altura y la apotema de la base forman un triángulo rectángulo cuya hipotenusa es la apotema de la pirámide. Ahora bien, la hipotenusa de un triángulo rectángulo es siempre mayor que cada uno de los catetos, lo cual no se cumple en este caso, ya que un cateto mide 7 m (la altura), mientras que la hipotenusa tiene una longitud de 6 m. Por tanto, es imposible formar una pirámide que cumpla las condiciones del enunciado.*

> Desde un avión se ven dos ciudades, separadas entre sí por 12 km. La distancia del avión a las ciudades, en línea recta, es de 40 km y 60 km, respectivamente. ¿A qué altura se encuentra el avión?

> **¿Dónde está el fallo?** *Si consideráramos el triángulo cuyos vértices son las dos ciudades y el avión, resultaría que sus lados medirían 12 km, 40 km y 60 km, lo cual no es posible, ya que, en un triángulo, cada lado es menor que la suma de los otros dos y, en este caso, sucede que 60 > 40 + 12 = 52.*

> Las coordenadas geográficas de un punto de la ciudad de Luanda (Angola), situada en el hemisferio norte, son 8° 51' S 13° 15' E, y las de un punto de la ciudad de Washington (Estados Unidos), también del hemisferio norte, son 38° 54' N 77° 02' O. ¿Cuál es la diferencia horaria entre estos dos puntos?

> **¿Dónde está el fallo?** *Las coordenadas de Luanda no se corresponden con las de un lugar situado en el hemisferio norte, puesto que la primera de ellas es 8° 51' S (sur).*

> La función que expresa el número de kilocalorías diarias consumidas por Leonardo, a lo largo del mes de abril, es simétrica respecto de una recta vertical y estrictamente decreciente. El día 1 de abril, Leonardo consumió 1950 kcal. ¿Cuántas consumió el 30 de abril?

> **¿Dónde está el fallo?** *Como la función es simétrica respecto de una recta vertical, debe tomar los mismos valores a un lado y a otro de la abscisa correspondiente al eje de simetría. Por tanto, si es estrictamente decreciente a la izquierda de esta abscisa, tiene que ser estrictamente creciente a su derecha, lo cual no es posible, ya que el enunciado establece que es estrictamente decreciente (en todo su dominio).*

> La altura a la que se encuentra un globo aerostático, en función del tiempo, viene dada por una función cuadrática con coeficientes positivos. La duración del vuelo es de cuatro horas y finaliza su recorrido en el mismo punto en el que lo inicia, una playa. ¿En qué momento alcanza el globo la mayor altura?

> **¿Dónde está el fallo?** *Puesto que la función cuadrática tiene los coeficientes positivos (en particular, el coeficiente principal), su gráfica se corresponde con una parábola abierta hacia arriba (con forma de copa). Así pues, para que el recorrido se inicie y finalice en un punto situado a nivel del mar, sería necesario que el globo se desplazara bajo tierra, lo cual es imposible.*

> La cantidad de bombones elaborados cada día en una fábrica de chocolate, en función del número total de horas invertidas por todos los trabajadores, viene dada por la función:

$$f(x) = \frac{20\,000}{x^2 + 1}$$

Si fabricar cada bombón le cuesta 0,21 € y el precio de venta es de 0,35 €, ¿cuál es la función que permite expresar los beneficios diarios de la fábrica, dependiendo del número total de horas de trabajo?

¿Dónde está el fallo? *La función del enunciado es estrictamente decreciente, ya que, cuanto mayor sea el valor de x, menor es el de f(x). En el contexto del problema, esta situación se traduce en que, cuantas más horas se empleen en la elaboración de bombones, menos se fabricarán, lo cual es absurdo.*

> El número de viviendas que vende una inmobiliaria durante un año, dependiendo de cuántos comerciales trabajen en ella, viene dado por la función:

$$f(x) = \frac{-x^2 + 5x + 1}{4}$$

¿Cuántos comerciales se deben contratar para conseguir vender el mayor número posible de viviendas?

¿Dónde está el fallo? *Como la variable x representa el número de comerciales y f(x) el de viviendas vendidas, ambas variables deben ser números naturales. Sin embargo, al sustituir x por los valores 1, 2, 3, 4 y 5, se obtienen números decimales y, para valores mayores de 5, resultan cantidades negativas.*

8. Observa la resolución de cada uno de los siguientes problemas y completa los huecos que hay en sus enunciados.

➤ Un autobús sale de _Madrid_ con destino Zaragoza a la misma hora que un coche que realiza el recorrido inverso. La velocidad media del autobús es de _94 km/h_ y la del coche, de _115 km/h_. La distancia entre _Madrid_ y Zaragoza es de _314 km_. ¿Cuánto tiempo tardan en _cruzarse_? ¿A qué distancia de _Madrid_ se encuentran en ese momento?

La distancia a la que se encuentra el autobús de Madrid, dependiendo del tiempo (t), viene dada por la expresión $94t$, y la distancia del coche a esta misma ciudad, por $314 - 115t$.

Puesto que, cuando se cruzan, están los dos a la misma distancia de Madrid, en ese momento debe cumplirse la igualdad $94t = 314 - 115t$, que es una ecuación de primer grado en la incógnita t. Resolviendo esta ecuación, resulta:

$$94t = 314 - 115t \rightarrow 209t = 314 \rightarrow t = \frac{314}{209} \rightarrow t = 1{,}502392... \approx 1{,}5$$

Esto significa que tardan, aproximadamente, una hora y media en cruzarse.

Para saber a qué distancia de Madrid se encuentran en ese momento, sustituimos y operamos: $94 \cdot 1{,}5 = 141$

Solución: tardan en cruzarse una hora y media aproximadamente, momento en el que se encuentran a 141 km de Madrid.

➤ Una alberca tenía, inicialmente, _270 m³_ de agua. _Anteayer_ se gastaron _dos quintas_ partes de esa agua y _ayer_, la _sexta_ parte de _lo que quedaba_. ¿Cuántos _litros_ de agua quedan hoy en la alberca?

En primer lugar, calculamos la cantidad de agua que se gastó anteayer:

$$\frac{2}{5} \text{ de } 270 = \frac{2}{5} \cdot 270 = \frac{2 \cdot 270}{5} = 2 \cdot 54 = 108 \text{ m}^3$$

Entonces, después del gasto de anteayer, quedaban 162 m³, puesto que $270 - 108 = 162$.

Ahora, calculamos cuánto se gastó ayer:

$$\frac{1}{6} \text{ de } 162 = \frac{1}{6} \cdot 162 = \frac{1 \cdot 162}{6} = 27 \, \text{m}^3$$

Así pues, hoy quedan 135 m³, ya que 162 – 27 = 135.

Por último, convertimos los metros cúbicos en litros:

$$135 \, \text{m}^3 = 135\,000 \, \text{L}$$

Solución: hoy quedan 135 000 L de agua en la alberca.

➢ En un bar se sirven cervezas de dos tamaños: las cañas, en vaso pequeño, y las jarras, que son más grandes. Con un barril de 25 L pueden llenarse _92_ cañas y _60_ jarras, mientras que con un barril de _30_ L pueden servirse _105_ cañas y _75_ jarras. ¿Qué capacidad tienen los vasos de cañas? ¿Y las jarras? Expresa los resultados en _mililitros_.

Si llamamos x a la capacidad (en litros) de los vasos de cañas e y a la capacidad (también en litros) de las jarras, con los datos del enunciado, podemos plantear el siguiente sistema:

$$\begin{cases} 92x + 60y = 25 \\ 105x + 75y = 30 \end{cases}$$

Simplificando la segunda ecuación (dividiendo por 15 todos sus términos) y resolviendo el sistema por el método de sustitución, tenemos:

$$\begin{cases} 92x + 60y = 25 \\ 7x + 5y = 2 \end{cases} \rightarrow \begin{cases} 92x + 60y = 25 \\ y = \dfrac{-7x + 2}{5} \end{cases} \rightarrow 92x + 60 \cdot \dfrac{-7x + 2}{5} = 25$$

$$\rightarrow 92x + 12(-7x + 2) = 25 \rightarrow$$

$$92x - 84x + 24 = 25 \rightarrow 8x = 1 \rightarrow x = \frac{1}{8} = 0{,}125$$

$$y = \frac{-7 \cdot 0{,}125 + 2}{5} = 0{,}225$$

Finalmente, expresamos los resultados obtenidos en la unidad indicada en el enunciado:

0,125 L = 125 ml

0,225 L = 225 ml

Solución: los vasos de cañas tienen una capacidad de 125 ml y las jarras, de 225 ml.

➢ Calcula *el radio de la esfera* que tiene *el mismo volumen* que el ortoedro de dimensiones *4 cm* × *10 cm* × *12 cm*.

En primer lugar, calculamos el volumen del ortoedro:

$V = 4 \cdot 10 \cdot 12 = 480$ cm³

Ahora, como la esfera cuyo radio pretendemos determinar debe tener el mismo volumen que este cuerpo geométrico, llamando r al radio y teniendo en cuenta la fórmula que permite hallar el volumen de la esfera, resulta:

$$\frac{4\pi r^3}{3} = 480 \to r^3 = \frac{480 \cdot 3}{4 \cdot 3,14} \to r^3 = 114,65 \to r = \sqrt[3]{114,65} \to r = 4,86$$

(Hemos tomado 3,14 como aproximación del número π)

Solución: el radio de la esfera mide 4,86 cm.

➢ Un transportista dispone de una furgoneta, cuyo interior mide *4,5 m* de largo, *1,8 m* de ancho y 2 *m de alto*. Quiere introducir en ella una *barra de acero*, recta e inflexible, de muy poco grosor y de *5,5 m* de longitud. ¿Le será posible *meter la barra en la furgoneta*?

Para saber si la barra de acero cabe en el interior de la furgoneta, que tiene forma de ortoedro, calculamos su diagonal, *d*, usando el teorema de Pitágoras en tres dimensiones:

$$d^2 = 4,5^2 + 1,8^2 + 2^2 \to d^2 = 27,49 \to d = \pm\sqrt{27,49} \to d = \pm 5,24$$

Descartando la solución negativa, por tratarse de una longitud, resulta que la diagonal del interior de la furgoneta mide 5,24 m. Puesto que esta longitud es 26 cm inferior a la de la barra de acero, no le será posible meterla en la furgoneta, ya que no cabe manteniéndose recta y no puede doblarse, al ser inflexible.

Solución: no le será posible meter la barra de acero en la furgoneta, porque su longitud excede en 26 cm a la mayor longitud que puede caber.

➢ La galleta de un _cucurucho_ de helado mide _15 cm_ de altura y el contorno circular tiene un diámetro de _6 cm_. ¿Cuál es la _superficie de galleta empleada en su fabricación_? ¿Qué _cantidad de helado cabe_, si se llena justo hasta el borde, sin que _sobresalga_?

La superficie de galleta empleada en la fabricación del cucurucho se corresponde con el área lateral del cono, que puede calcularse usando la fórmula $A_L = \pi \cdot r \cdot g$.

Para hallar la generatriz, aplicamos el teorema de Pitágoras, teniendo en cuenta que la altura, el radio y la generatriz forman un triángulo rectángulo, siendo esta la hipotenusa. Así, puesto que el radio es igual a la mitad del diámetro, resulta:

$$g^2 = h^2 + r^2 \rightarrow g^2 = 15^2 + 3^2 \rightarrow g^2 = 234 \rightarrow g = \pm\sqrt{234} \rightarrow g = \pm 15,3$$

Descartando la solución negativa, por tratarse de una longitud, tenemos que $g = 15,3$ cm. Entonces:

$$A_L = 3,14 \cdot 3 \cdot 15,3 = 144,13 \text{ cm}^2$$

(Hemos tomado 3,14 como aproximación del número π)

Por otro lado, la cantidad de helado que cabe en el cucurucho, sin que sobresalga, se corresponde con el volumen del cono:

$$V = \frac{A_{BASE} \cdot h}{3} = \frac{\pi \cdot r^2 \cdot h}{3} = \frac{3,14 \cdot 3^2 \cdot 15}{3} = 141,3 \text{ cm}^3$$

(De nuevo, hemos usado 3,14 como aproximación del número π)

Solución: en la fabricación del cucurucho se han empleado 144,13 cm^2 de galleta. Si se llena hasta el borde, sin que sobresalga, en él caben 141,3 cm^3 de helado.

> ➢ Un depósito de agua tiene forma de _prisma_, mide _5 m_ de altura y el área de su base es de _7 m²_. El número de litros de agua que contiene, dependiendo del nivel alcanzado por ella en su interior, x, medido en _metros_, viene dado por la función $f(x)$. Determina el _dominio_ y _la expresión algebraica_ de $f(x)$.
>
> Puesto que el depósito mide 5 m de altura, el nivel del agua en su interior no puede superar esta cantidad. Asimismo, este nivel no puede ser negativo. Por tanto, el dominio de la función es: $D(f) = [0, 5]$
>
> Para obtener la expresión algebraica de $f(x)$, usamos la fórmula que permite calcular el volumen de un prisma: $V = A_b \cdot h$
>
> Teniendo en cuenta el dato del enunciado y que estamos usando la letra x para denotar el nivel alcanzado por el agua, expresado en metros, resulta que el volumen de agua dentro del depósito, dependiendo del nivel alcanzado, es: $V(x) = 7x$
>
> Observemos, no obstante, que esta expresión no proporciona los litros de agua que contiene el depósito, sino los metros cúbicos que esta ocupa. Por ello, dado que 1 m³ es equivalente a 1000 L, multiplicamos la fórmula anterior por 1000 y obtenemos la expresión algebraica pedida: $f(x) = 1000 \cdot 7x = 7000x$
>
> **Solución:** el dominio de la función es $D(f) = [0, 5]$ y su expresión algebraica, $f(x) = 7000x$.

9. Lee el siguiente enunciado e indica si las frases que aparecen a continuación son verdaderas (V), falsas (F) o si el enunciado no da información suficiente para saberlo (NS). Posteriormente, justifica las respuestas.

   Los ingresos semanales de un restaurante ascienden a 7000 €. Los trabajadores tienen un sueldo bruto de 1600 € mensuales y el propietario percibe 2800 € netos por su trabajo. Una parte de los ingresos se destina a pagar impuestos, a reponer los productos de consumo y a abonar el suministro de gas, electricidad, agua, teléfono, etc. y, el resto, que es una décima parte, queda en depósito, para imprevistos y para reinvertirlo en el futuro.

	V	F	NS
1. El restaurante ingresa unos 1000 € diarios	◯	◯	⊗
2. El restaurante ingresa más de 28 000 € al mes	⊗	◯	◯
3. En el restaurante trabajan más de dos personas	⊗	◯	◯
4. El salario de los trabajadores no es justo, en comparación con el sueldo del propietario	◯	◯	⊗
5. En el restaurante no pueden trabajar más de 20 personas	⊗	◯	◯
6. Cada semana, se destinan 700 € a pagar impuestos, reponer los productos de consumo y abonar suministros varios	◯	◯	⊗
7. Cada semana, quedan en depósito más de 700 €	◯	⊗	◯

Justificación:

— *Primera frase*

Aunque el resultado de dividir los ingresos semanales entre 7 es igual a 1000 €, no se sabe si el restaurante abre todos los días de la semana ni si todos los días ingresa la misma cantidad.

— *Segunda frase*

Según el enunciado, cada semana ingresa 7000 €, así que, en un mes (que es algo más de cuatro semanas), ingresará más de 28 000 €, puesto que 4 · 7000 = 28 000.

— Tercera frase

En el enunciado, se habla de «trabajadores» (en plural), por lo que debe haber más de uno. Como también trabaja el propietario, en total, hay más de dos personas.

— Cuarta frase

Aunque el sueldo del propietario es muy superior al de los trabajadores, no se sabe la razón: puede ser que el propietario sea injusto, pero también que los trabajadores dediquen muchas menos horas que él (por ejemplo, si trabajan a tiempo parcial).

— Quinta frase

Si trabajaran más de 20 personas, los salarios serían superiores a los ingresos, lo cual no es posible.

— Sexta frase

Según el enunciado, una parte se dedica a este fin, pero no se indica de qué parte se trata.

— Séptima frase

Según el enunciado, se deja en depósito la décima parte de los ingresos, que es precisamente igual a 700 € semanales, ya que 7000 / 10 = 700.

PARA PLANIFICAR LA RESOLUCIÓN DEL PROBLEMA

10. Relaciona cada planteamiento con el enunciado adecuado. Ten en cuenta que un mismo planteamiento puede servir para varios enunciados y que un mismo enunciado puede tener diferentes planteamientos.

1. $(x - 2)(x + 2) = 96$

2. $\begin{cases} x - y = 4 \\ xy = 96 \end{cases}$

3. $2(x + 35) = 96$

4. $x(35 - x) = 96$

5. $96 + x = 2(35 + x)$

6. $x^2 - 4 = 96$

7. $\begin{cases} x + y = 35 \\ xy = 96 \end{cases}$

8. $x(x - 4) = 96$

4 y 7 · El producto de las edades de un padre y un hijo es igual a 96 y la suma es 35. ¿Cuáles son sus edades?

2 y 8 · Dos números se diferencian en cuatro unidades y su producto es igual a 96. ¿Cuáles son esos números?

1 y 6 · Si se multiplica la edad que tenía Julio hace dos años por la que tendrá dentro de dos años, sale 96. ¿Qué edad tiene Julio ahora?

4 y 7 · Daniel tiene 35 años. Si multiplicamos la edad que tenía hace unos años por el número de años que han pasado desde que tenía esa edad, sale 96. ¿Cuántos años han pasado desde que tenía esa edad?

3 · Si a un número se le suma 35 y el resultado se multiplica por 2, sale 96. ¿Cuál es ese número?

1 y 6 Jair tiene dos años más que Isabel y dos años menos que Marina. El producto de las edades de Isabel y Marina es igual a 96. ¿Qué edad tiene Jair?

5 Si a 96 se le suma cierto número, da el doble del resultado de sumar dicho número y 35. ¿De qué número se trata?

4 y 7 En una excursión, hay un total de 35 estudiantes de 3.º de ESO. Si multiplicamos el número de estudiantes que tienen 14 años por el número de estudiantes que tienen 15 años, resulta 96. Sabiendo que hay más estudiantes de 15 años que de 14, ¿cuántos estudiantes hay de cada edad?

3 Rubén, que trabaja en un bar a media jornada, normalmente gana 35 € por cada día de trabajo, más las propinas. Sin embargo, algunos días trabaja a tiempo completo, y el jefe le dobla el sueldo y las propinas. Un día que trabajó a tiempo completo ganó 96 €. ¿Cuánto recibió de propina ese día?

11. A continuación, se muestra la resolución de varios problemas, pero los pasos seguidos están desordenados. Lee detenidamente los enunciados y las diferentes partes de la resolución y numera los pasos dados, para que queden ordenados correctamente.

➢ En un garaje hay dos tipos de vehículos: camiones, de seis ruedas, y furgonetas, de cuatro ruedas. En total, hay 17 vehículos y 92 ruedas. ¿Cuántos camiones y cuántas furgonetas hay en el garaje?

5 Por tanto, tenemos el siguiente sistema de ecuaciones:

$$\begin{cases} x + y = 17 \\ 6x + 4y = 92 \end{cases}$$

3 Del mismo modo, como hay y furgonetas y cada una de ellas tiene cuatro ruedas, el número total de ruedas de furgoneta es $4y$.

8 Por último, sustituimos el valor hallado de la incógnita y en una de las ecuaciones del sistema (la primera, que es más sencilla) y calculamos la otra incógnita:

$$x + y = 17 \rightarrow x + 5 = 17 \rightarrow x = 12$$

[1] Llamamos x al número de camiones e y al número de furgonetas. Así, como en total hay 17 vehículos, tiene que cumplirse la relación $x + y = 17$.

[9] **Solución:** En el garaje hay 12 camiones y cinco furgonetas.

[7] Vamos a resolver el sistema por el método de reducción, para lo cual multiplicamos todos los coeficientes de la primera ecuación por 3 (para conseguir el mismo coeficiente en la x) y, posteriormente, restamos las dos ecuaciones (para que desaparezca la incógnita x). Así, resulta:

$$\begin{cases} x + y = 17 \\ 3x + 2y = 46 \end{cases} \rightarrow -\begin{cases} 3x + 3y = 51 \\ 3x + 2y = 46 \end{cases}$$
$$\overline{ y = 5}$$

[4] Así pues, como en total hay 92 ruedas, tiene que cumplirse la ecuación $6x + 4y = 92$.

[2] Por otro lado, como cada camión tiene seis ruedas y hay x camiones, el número total de ruedas de camión es $6x$.

[6] Antes de resolverlo, simplificamos la segunda ecuación, dividiendo todos los coeficientes por 2, resultando:

$$\begin{cases} x + y = 17 \\ 3x + 2y = 46 \end{cases}$$

➤ Jacinto nació cuando su padre tenía 30 años. Si se dividen las edades que tendrán dentro de 11 años, sale 3. ¿Cuáles son sus edades actuales?

[7] Entonces, la edad actual del padre es 34, puesto que tiene 30 años más que Jacinto.

[3] De este modo, dentro de 11 años, la edad de Jacinto será $x + 11$, mientras que la de su padre será $30 + x + 11$, es decir, $x + 41$.

[5] Para resolver la ecuación, en primer lugar, «pasamos multiplicando» el denominador de la fracción del primer miembro, resultando:

$$x + 41 = 3(x + 11)$$

Se trata de una ecuación de primer grado.

⑧ **Solución:** Actualmente, Jacinto tiene cuatro años y su padre, 30.

② Entonces, la edad actual del padre es $30 + x$.

④ Como, al dividir las edades que tendrán dentro de 11 años, resulta 3, podemos plantear la siguiente ecuación:

$$\frac{x + 41}{x + 11} = 3$$

① Llamamos x a la edad actual de Jacinto.

⑥ Resolviendo la ecuación, tenemos:

$$x + 41 = 3(x + 11) \rightarrow x + 41 = 3x + 33 \rightarrow 2x = 8 \rightarrow x = \frac{8}{2} \rightarrow x = 4$$

Esto significa que actualmente Jacinto tiene cuatro años.

➤ Bernardo, Rafa y Pepe han participado en una campaña de «crowdfunding» promovida por un cirujano austríaco. Bernardo ha aportado la tercera parte de lo que ha dado Rafa y este ha puesto cinco veces lo que Pepe. Entre los tres, han donado 575 €. ¿Cuánto dinero ha aportado cada uno a la campaña del cirujano?

④ Dado que entre los tres han cedido 575 €, podemos plantear la ecuación:

$$\frac{5x}{3} + 5x + x = 575$$

⑦ **Solución:** Bernardo ha aportado 125 €; Rafa, 375 €, y Pepe, 75 €.

② Entonces, la aportación de Rafa es $5x$.

⑥ Realizando las correspondientes operaciones, resulta:

$$5x = 5 \cdot 75 = 375$$

$$\frac{5x}{3} = \frac{375}{3} = 125$$

Estas son las cantidades respectivamente donadas por Rafa y Bernardo.

$\boxed{3}$ Y, en consecuencia, la contribución de Bernardo es: $\dfrac{5x}{3}$

$\boxed{1}$ Llamamos x a la cantidad que ha donado Pepe.

$\boxed{5}$ Resolviendo la ecuación, tenemos:

$$\frac{5x}{3} + 5x + x = 575 \rightarrow 3 \cdot \left(\frac{5x}{3} + 5x + x\right) = 3 \cdot 575 \rightarrow$$

$$5x + 15x + 3x = 1725 \rightarrow 23x = 1725 \rightarrow x = \frac{1725}{23} \rightarrow x = 75$$

Esto significa que Pepe ha colaborado con 75 €.

➤ Una cámara frigorífica con forma de ortoedro tiene una capacidad de 42 000 L. Si mide 4 m más de largo que de ancho y 1 m menos de alto que de ancho, ¿cuáles son sus dimensiones?

$\boxed{6}$ Para resolver la ecuación cúbica, factorizamos, usando el método de Ruffini, y aplicamos la fórmula correspondiente a la ecuación de segundo grado:

$$\left.\begin{array}{r|rrrr} & 1 & 3 & -4 & -42 \\ 3 & & 3 & 18 & 42 \\ \hline & 1 & 6 & 14 & 0 \end{array}\right\} \rightarrow (x-3)(x^2 + 6x + 14) = 0$$

$$x = \frac{-6 \pm \sqrt{6^2 - 4 \cdot 1 \cdot 14}}{2 \cdot 1} = \frac{-6 \pm \sqrt{36 - 56}}{2} = \frac{-6 \pm \sqrt{-20}}{2}$$

$\boxed{10}$ Antes de responder a la pregunta, comprobamos que la solución obtenida es válida.

En efecto, la cámara frigorífica tiene 4 m más de largo que de ancho, puesto que $3 + 4 = 7$. Asimismo, su altura es 1 m menos que su anchura, ya que $3 - 1 = 2$.

Finalmente, el volumen es $V = 3 \cdot 7 \cdot 2 = 42$ m³, valor que coincide con el dato del enunciado.

$\boxed{5}$ Operando y trasponiendo, tenemos:

$$x(x+4)(x-1) = 42 \rightarrow x(x^2 + 3x - 4) - 42 = 0 \rightarrow$$

$$x^3 + 3x^2 - 4x - 42 = 0$$

$\boxed{11}$ **Solución:** La cámara frigorífica mide 3 m de ancho, 7 m de largo y 2 m de alto.

$\boxed{2}$ Ahora, llamamos x a la anchura de la cámara frigorífica.

$\boxed{9}$ En cuanto a las otras medidas de la cámara frigorífica, tenemos:

— La largura es: $x + 4 = 3 + 4 = 7$ m

— La altura es: $x - 1 = 3 - 1 = 2$ m

$\boxed{4}$ Teniendo en cuenta la fórmula que permite calcular el volumen de un ortoedro y el dato del enunciado, resulta la ecuación:

$$x\,(x + 4)(x - 1) = 42$$

$\boxed{1}$ En primer lugar, expresamos el dato del enunciado en unidades cúbicas:

$$42\,000 \text{ L} = 42 \text{ m}^3$$

$\boxed{7}$ Puesto que aparece la raíz cuadrada de un número negativo, la ecuación de segundo grado no tiene soluciones reales y, en consecuencia, la única solución de la ecuación cúbica es $x = 3$.

$\boxed{3}$ Entonces, por las condiciones del enunciado, la largura de la cámara frigorífica es $x + 4$ y la altura, $x - 1$.

$\boxed{8}$ Por tanto, la cámara frigorífica tiene una anchura de 3 m.

➤ Una parte de un examen consta de cuatro preguntas, en las que se debe marcar «V» o «F», según sus enunciados sean verdaderos o falsos. Para superar esta parte del examen, no puede haber más de una respuesta errónea. Como Ariadna no conoce la respuesta a ninguna de estas preguntas, marca al azar una letra en cada una de ellas. ¿Cuál es la probabilidad de que Ariadna supere esta parte del examen?

6 Para hallar el número de casos favorables, hemos de tener en cuenta que, según el enunciado, Ariadna supera esta parte del examen si no falla en más de una pregunta. Existen, pues, dos posibilidades: que Ariadna acierte todas las preguntas o que falle solo una.

1 Denotamos por una secuencia de cuatro letras las respuestas dadas por Ariadna. Así, por ejemplo, la secuencia VVFV significaría que Ariadna responde que las dos primeras preguntas son verdaderas; la tercera, falsa y la cuarta, verdadera.

7 Ahora bien, puesto que cada pregunta tiene una sola respuesta correcta, hay un único caso favorable a que Ariadna acierte todas las preguntas, mientras que, para que tenga un solo fallo, hay cuatro posibilidades: que falle solo en la primera pregunta, solo en la segunda, solo en la tercera o solo en la cuarta.

3 Como Ariadna contesta a las preguntas al azar, en cada una de ellas es igual de probable que marque una «V» o una «F», por lo que los sucesos elementales que componen el espacio muestral son equiprobables.

8 De este modo, vemos que hay un total de cinco casos favorables a que Ariadna supere esta parte del examen.

10 **Solución:** La probabilidad de que Ariadna supere esta parte del examen es igual a 0,3125.

5 Así pues, necesitamos determinar el número de casos favorables y dividirlo por 16, que es el número de casos posibles (el espacio muestral está formado por 16 elementos).

9 En consecuencia, aplicando la regla de Laplace, resulta que la probabilidad pedida es:

$$P = \frac{\text{Número de casos favorables}}{\text{Número de casos posibles}} = \frac{5}{16} = 0,3125$$

4 Entonces, podemos aplicar la regla de Laplace para calcular la probabilidad pedida.

2 Con esta notación, el espacio muestral, es decir, la lista de todas las maneras posibles de responder a esta parte del examen es:

$$\Omega = \{ \text{VVVV, VVVF, VVFV, VVFF, VFVV, VFVF, VFFV,}$$
$$\text{VFFF, FVVV, FVVF, FVFV, FVFF, FFVV, FFVF, FFFV, FFFF} \}$$

12. Analiza la resolución de los siguientes problemas. Identifica las alternativas correctas y justifica por qué.

➢ El día 10 de marzo, un trabajador pidió a su jefe un anticipo de su sueldo, que era de 1260 € al mes. El jefe accedió y le dio una séptima parte de su salario mensual. Sin embargo, el día 22 del mismo mes, tuvo que pedir otro anticipo, y el jefe le entregó la cuarta parte del resto de su sueldo. El último día del mes, el trabajador recibió lo que le quedaba por cobrar. ¿Cuánto cobró ese día?

Para hallar la cantidad correspondiente al primer anticipo, calculamos:

$$\frac{1}{7} \text{ de } 1260 = \frac{1 \cdot 1260}{7} = 180$$

Para saber cuánto cobró en el segundo anticipo, calculamos la cuarta parte de:

— El resultado anterior.

— Su sueldo.

— **Lo que le quedaba por cobrar, que es 1080, porque 1260 − 180 = 1080.**

El resultado de esta operación es:

— $\frac{1}{4} \text{ de } 180 = \frac{1 \cdot 180}{4} = 45$

— $\mathbf{\frac{1}{4} \text{ de } 1080 = \frac{1 \cdot 1080}{4} = 270}$

— $\frac{1}{4} \text{ de } 1260 = \frac{1 \cdot 1260}{4} = 315$

De este modo, entre los dos anticipos, recibió:

— **180 + 270 = 450**

— 180 + 315 = 495

— 180 + 45 = 225

Por tanto, para saber cuánto cobró el último día del mes, restamos:

— 1260 − 495 = 765

— 1260 − 225 = 1035

— **1260 − 450 = 810**

Solución: el último día del mes, recibió 1035 € / **810 €** / 765 €.

➢ Si el lado de un cuadrado aumenta en 1 cm, su superficie aumenta en 6 cm². ¿Cuánto mide el lado del cuadrado?

Si denotamos por x el lado del cuadrado original, el lado que se obtiene al aumentarlo en 1 cm se puede escribir como $x + 1$, por lo que la nueva figura obtenida es:

— Un rectángulo de $x + 1$ cm de largo y x cm de ancho.

— **Un cuadrado de $x + 1$ cm de lado.**

Por tanto, la nueva superficie viene dada por:

— **$(x + 1)^2$**

— $x(x + 1)$

Como la superficie del cuadrado original es igual a x^2 y la nueva superficie es 6 cm² mayor que la del cuadrado original, resulta que la nueva superficie puede escribirse como $x^2 + 6$.

Entonces, igualando las dos expresiones que tenemos de la misma cantidad, podemos plantear la siguiente ecuación:

— $x(x + 1) = x^2 + 6$

— **$(x + 1)^2 = x^2 + 6$**

Quitando paréntesis, simplificando y resolviendo la ecuación, resulta:

— $(x+1)^2 = x^2 + 6 \rightarrow \cancel{x^2} + 2x + 1 = \cancel{x^2} + 6 \rightarrow 2x = 5 \rightarrow x = \dfrac{5}{2} \rightarrow x = 2{,}5$

— $x(x+1) = x^2 + 6 \rightarrow \cancel{x^2} + x = \cancel{x^2} + 6 \rightarrow x = 6$

Solución: el lado del cuadrado original mide **2,5 cm** / 6 cm.

Justificación: *si se aumenta el lado del cuadrado original en 1 cm, se obtiene un nuevo cuadrado de lado x + 1, porque la expresión «aumentar el lado en un 1 cm» significa que el lado del nuevo cuadrado tiene 1 cm más que el del original. Para que se formara un rectángulo, la frase tendría que ser «aumentar **uno** de los lados».*

13. Lee detenidamente el enunciado y la resolución del siguiente problema y selecciona los pasos que corresponden al procedimiento correcto para resolverlo.

Un número tiene dos cifras, cuya suma es igual a 12. Además, la cifra de las unidades es igual al cuadrado de la cifra de las decenas. ¿Cuál es el número?

Llamamos x a la cifra de las decenas e y a la cifra de las unidades. Entonces, como la suma de las cifras es igual a 12, tenemos la siguiente ecuación:

⊠ $x + y = 12$

☐ $x = y + 12$

Por otro lado, como la cifra de las unidades es igual al cuadrado de la cifra de las decenas, tenemos la siguiente ecuación:

☐ $x = y^2$

⊠ $y = x^2$

De este modo, resulta el sistema:

☐ $\begin{cases} x + y = 12 \\ x = y^2 \end{cases}$

☐ $\begin{cases} y = x + 12 \\ x = y^2 \end{cases}$

⊠ $\begin{cases} x + y = 12 \\ y = x^2 \end{cases}$

☐ $\begin{cases} y = x + 12 \\ y = x^2 \end{cases}$

Sustituyendo en la primera ecuación la incógnita despejada en la segunda, llegamos a la siguiente ecuación de segundo grado:

☐ $y = y^2 + 12 \rightarrow y^2 - y + 12 = 0$

⊠ $x + x^2 = 12 \rightarrow x^2 + x - 12 = 0$

☐ $y^2 + y = 12 \rightarrow y^2 + y - 12 = 0$

☐ $x^2 = x + 12 \rightarrow x^2 - x - 12 = 0$

Aplicando la fórmula para resolver ecuaciones de segundo grado, resulta:

☐ $y = \dfrac{-1 \pm \sqrt{1^2 - 4 \cdot 1 \cdot (-12)}}{2 \cdot 1} = \dfrac{-1 \pm \sqrt{1 + 48}}{2} = \dfrac{-1 \pm 7}{2} \begin{array}{l} \nearrow y = 3 \\ \searrow y = -4 \end{array}$

☐ $y = \dfrac{1 \pm \sqrt{(-1)^2 - 4 \cdot 1 \cdot 12}}{2 \cdot 1} = \dfrac{1 \pm \sqrt{1 - 48}}{2} = \dfrac{1 \pm \sqrt{-47}}{2}$

El problema no tiene solución, porque sale la raíz cuadrada de un número negativo.

☐ $x = \dfrac{1 \pm \sqrt{(-1)^2 - 4 \cdot 1 \cdot (-12)}}{2 \cdot 1} = \dfrac{1 \pm \sqrt{1 + 48}}{2} = \dfrac{1 \pm 7}{2} \begin{array}{l} \nearrow x = 4 \\ \searrow x = -3 \end{array}$

☒ $x = \dfrac{-1 \pm \sqrt{1^2 - 4 \cdot 1 \cdot (-12)}}{2 \cdot 1} = \dfrac{-1 \pm \sqrt{1 + 48}}{2} = \dfrac{-1 \pm 7}{2} \begin{array}{l} \nearrow x = 3 \\ \searrow x = -4 \end{array}$

Descartamos los valores negativos, porque las cifras de un número no pueden ser negativas, y sustituimos el valor obtenido en la segunda ecuación del sistema anterior, para hallar la otra incógnita:

☐ $x = y^2 \rightarrow x = 3^2 \rightarrow x = 9$

☒ $y = x^2 \rightarrow y = 3^2 \rightarrow y = 9$

☐ $y = x^2 \rightarrow y = 4^2 \rightarrow y = 16$

Como x es la cifra de las decenas, es decir, la primera cifra, el número buscado es:

☐ 16	☐ 33	☐ 34
☒ 39	☐ 43	☐ 49
☐ 61	☐ 93	☐ 94

14. Analiza la resolución de los siguientes problemas y rellena los huecos en blanco.

> ➤ En una tetería se venden dos tipos de té: el Amni y el Lidon. El Amni está compuesto por té negro y pétalos de flores, en una proporción de 4 a 1, y su precio de venta es de 8,90 € la bolsa de 100 g; el Lidon es una mezcla de té negro (en un 30 %), té verde (en un 60 %) y flores (en un 10 %), y la bolsa de 100 g se vende a 6,50 €. La tetería compra el té y los pétalos de flores en sacos de 5 kg. El saco de té negro le cuesta 230 €; el de té verde, 150 €, y el de flores, 110 €. ¿Qué beneficio bruto obtiene la tetería por cada bolsa de 100 g de té Amni que vende? ¿Y por cada bolsa de té Lidon?

En primer lugar, vamos a calcular el coste de 100 g de cada producto:

— Té negro: el kilogramo cuesta _46 €_, porque _230 : 5 = 46_, luego 100 g le cuestan _4,60 €_.

— Té verde: la tetería compra el kilogramo a _30 €_, ya que _150 : 5 = 30_, así que 100 g le cuestan _3 €_.

— Pétalos de flores: cada kilogramo le cuesta _22 €_, puesto que _110 : 5 = 22_, por lo que 100 g le cuestan _2,20 €_.

A continuación, determinamos el precio de coste de 100 g de té Amni:

Como la proporción de té negro y flores es de 4 a 1, resulta que _4/5_ de los 100 g es té negro, mientras que _1/5_ son flores. Por tanto, el precio de coste de 100 g de té Amni es:

$$\frac{4}{5} \cdot 4,60 + \frac{1}{5} \cdot 2,20 = \frac{4 \cdot 4,60}{5} + \frac{2,20}{5} = 3,68 + 0,44 = 4,12 \ €$$

Ahora, hallamos el beneficio bruto que obtiene la tetería con la venta de una bolsa de 100 g de té Anmi:

$$8,90 - 4,12 = 4,78 \ €$$

Para el té Lidon, realizamos los cálculos análogos:

Puesto que la proporción de té negro, té verde y flores es del _30_ %, _60_ % y _10_ %, respectivamente, el precio de coste de 100 g de té Lidon es:

$$\frac{30}{100} \cdot 4,60 + \frac{60}{100} \cdot 3 + \frac{10}{100} \cdot 2,20 = 1,38 + 1,80 + 0,22 = 3,40 \ €$$

Luego el beneficio bruto asciende a *3,10*, ya que *6,50 – 3,40 = 3,10*.

Solución: el beneficio bruto de la tetería por cada bolsa de 100 g de té Amni que vende es de *4,78 €* y el de cada bolsa de té Lidon, de *3,10 €*.

➤ Un día, en la tetería del problema anterior, se vendieron 71 bolsas de té y los ingresos fueron de 583,90 €. ¿Cuántas bolsas se vendieron de cada tipo de té? ¿Cuáles fueron los beneficios brutos?

Llamamos *x* al número de bolsas de té Amni que se vendieron ese día e *y* a la cantidad de bolsas de té Lidon. Con esta notación, teniendo en cuenta los datos del enunciado y el precio de venta de cada bolsa de té (en el enunciado del problema anterior), resulta el siguiente sistema de ecuaciones:

$$\begin{cases} x + y = 71 \\ 8,9x + 6,5y = 583,9 \end{cases}$$

Resolviéndolo por el método de sustitución (despejando la incógnita *y* en la primera ecuación), tenemos:

$$\begin{cases} y = 71 - x \\ 8,9x + 6,5y = 583,9 \end{cases} \rightarrow 8,9x + 6,5(71 - x) = 583,9 \rightarrow$$

$$8,9x + 461,5 - 6,5x = 583,9 \rightarrow 2,4x = 122,4 \rightarrow x = \frac{122,4}{2,4} \rightarrow x = 51$$

Ahora, sustituyendo el valor de *x* en la ecuación donde aparece la incógnita *y* despejada, obtenemos:

$$y = 71 - 51 \rightarrow y = 20$$

Finalmente, para calcular los beneficios brutos, tenemos en cuenta los resultados obtenidos en el problema anterior y en este:

$$4,78 \cdot 51 + 3,10 \cdot 20 = 305,78$$

Solución: se vendieron *51* bolsas de té Amni y *20* de té Lidon. Los beneficios brutos fueron de *305,78 €*.

➢ La suma de los cuadrados de tres números naturales consecutivos es igual a 3074. ¿De qué números se trata?

Llamamos x al menor de los tres números naturales. Entonces, como son consecutivos, el segundo número es $x + 1$ y el tercero, $x + 2$. Con esta notación, el cuadrado del primer número es x^2 y, usando las conocidas identidades notables, obtenemos los desarrollos de los cuadrados de los otros dos números:

$(x + 1)^2 = x^2 + 2x + 1$

$(x + 2)^2 = x^2 + 4x + 4$

De este modo, la suma de los cuadrados de los tres números se expresa por:

$x^2 + x^2 + 2x + 1 + x^2 + 4x + 4$

Agrupando los términos semejantes, llegamos a:

$3x^2 + 6x + 5$

Ahora, como esta suma debe ser igual a 3074, tenemos la ecuación:

$3x^2 + 6x + 5 = 3074$

(Se trata de una ecuación de segundo grado)

Trasponiendo el 3074, agrupando y dividiendo todos los términos por 3, la ecuación queda:

$x^2 + 2x - 1023 = 0$

Aplicando la fórmula y operando, resulta:

$$x = \frac{-2 \pm \sqrt{2^2 + 4 \cdot 1 \cdot 1023}}{2 \cdot 1} = \frac{-2 \pm \sqrt{4 + 4092}}{2} = \frac{-2 \pm \sqrt{4096}}{2} = \frac{-2 \pm 64}{2} \rightarrow$$

$$\rightarrow \begin{cases} x = \dfrac{-2 + 64}{2} = \dfrac{62}{2} \rightarrow x = 31 \\ \\ x = \dfrac{-2 - 64}{2} = \dfrac{-66}{2} \rightarrow x = -33 \end{cases}$$

Ahora bien, como el número x es natural, no puede ser _negativo,_ por lo que descartamos la solución $x = -33$ y, entonces, la única solución válida es $x = 31$. En consecuencia, los otros dos números son 32 y 33.

Solución: se trata de los números 31, 32 y 33.

➢ Jesús tenía cierta cantidad de dinero en su cuenta bancaria. Le descontaron 740 € de la hipoteca y 265 € de varios recibos, y le transfirieron su nómina, de 1460 €. Después, se gastó la octava parte de lo que le quedaba en organizar su viaje de vacaciones, tras lo cual el saldo de su cuenta era de 8645 €. ¿Cuánto dinero había al principio en la cuenta de Jesús?

Llamamos x a la cantidad de dinero que Jesús tenía en su cuenta al principio. Puesto que le descontaron _740 €_, por un lado, y _265 €_, por el otro, en total, le descontaron:

_740 + 265 = 1005 €_

Como le ingresaron _1460 €_, el balance fue de _455 €_, ya que _1460 – 1005 = = 455_.

De este modo, el saldo que Jesús tenía en su cuenta, antes de gastarse el dinero del viaje, viene dado por la expresión algebraica:

_x + 455_

En consecuencia, el precio del viaje se expresa por:

$$\frac{x + 455}{8}$$

Por tanto, el dinero que le quedaba después de pagar el viaje, escrito en lenguaje algebraico, es:

$$x + 455 - \frac{x + 455}{8}$$

Operando y simplificando, resulta:

$$x + 455 - \frac{x + 455}{8} = 8 \cdot \frac{x + 455}{8} - \frac{x + 455}{8} = \frac{8x + 3640}{8} - \frac{x + 455}{8} = \frac{7x + 3185}{8}$$

Ahora bien, dado que esta cantidad debe ser igual a _8645_, tiene que cumplirse la ecuación:

$$\frac{7x + 3185}{8} = 8645$$

(Se trata de una ecuación de primer grado)

Resolviéndola, resulta:

$$\frac{7x+3185}{8}=8645 \to 7x+3185=8\cdot8645 \to 7x+3185=69\,160 \to$$

$$7x=65\,975 \to x=\frac{65\,975}{7} \to x=9425$$

Solución: al principio, en la cuenta de Jesús había 9425 €.

➢ Un depósito de gas de forma esférica está recubierto por una fina capa de acero. Si su capacidad es de 381 510 L, ¿qué superficie de acero se ha empleado en su fabricación?

En primer lugar, expresamos el dato del enunciado en unidades cúbicas:

381 510 L = 381,51 m³

A continuación, calculamos el *radio* del depósito, sustituyendo el dato en la fórmula del volumen de la esfera, despejando y operando:

$$V=\frac{4}{3}\cdot\pi\cdot R^3 \to 381,51=\frac{4}{3}\cdot3,14\cdot R^3 \to R^3=\frac{381,51\cdot3}{4\cdot3,14} \to$$

$$\to R^3=91,125 \to R=\sqrt[3]{91,125} \to R=4,5$$

(Hemos tomado el número 3,14 como aproximación de π)

Finalmente, hallamos la superficie del depósito, empleando la fórmula del área de la superficie esférica:

$$S=4\cdot\pi\cdot R^2 \to S=4\cdot3,14\cdot(4,5)^2 \to S=254,34 \text{ m}^2$$

(De nuevo, hemos aproximado π por el número 3,14)

Solución: en la fabricación del depósito se ha empleado una superficie de acero de 254,34 m².

➢ Un edificio de 37 plantas tiene la totalidad de las paredes exteriores acristaladas. Las primeras 25 plantas tienen forma de prisma recto de base cuadrada, de 20 m de lado; las demás, forman un cilindro recto, cuyo diámetro de la base también mide 20 m. La altura de cada planta es de 3,5 m. ¿Qué superficie acristalada tiene el edificio?

En primer lugar, calculamos la superficie lateral del prisma:

Como tiene _25_ plantas, cada una de las cuales mide _3,5 m_ de altura, la altura del prisma es:

_25 · 3,5 = 87,5 m_

Por tanto, teniendo en cuenta también que la base es cuadrada y que el lado de la base mide _20 m_, la superficie lateral, denotada por S_1, es:

$S_1 = 4 · 20 · 87,5 = 7000 m^3$

Ahora, hallamos el área lateral del cilindro:

Está formado por _12_ plantas, pues _37 − 25 = 12_, cada una de las cuales tiene una altura de _3,5 m_. Entonces, la altura del cilindro es:

_12 · 3,5 = 42 m_

Por otro lado, como el diámetro de su base mide _20 m_, su radio es de _10 m_. Así pues, usando la correspondiente fórmula, podemos calcular su superficie lateral, que denotamos por S_2:

$S_2 = 2 · π · R · h = 2 · 3,14 · 10 · 42 = 2637,6 m^2$

(Hemos considerado el número 3,14 como aproximación de π)

Finalmente, para determinar la superficie acristalada del edificio, que denotamos por S, _sumamos_ los resultados anteriores:

$S = S_1 + S_2 = 7000 + 2637,6 = 9637,6 m^2$

Solución: el edificio tiene una superficie acristalada de _9637,6_ m².

➢ El suelo de una sala rectangular, con unas dimensiones de 6,2 m × 11,8 m, está embaldosado con losas hexagonales de 30 cm de lado. ¿Cuántas losas hay en la sala, aproximadamente?

En primer lugar, calculamos la superficie de la sala:

_6,2 · 11,8 = 73,16 m²_

A continuación, hallamos la superficie de cada losa:

Como tienen forma de _hexágono_, necesitamos conocer la apotema, para lo cual aplicamos el teorema de Pitágoras.

Hemos de tener en cuenta que, en el hexágono, el radio y el lado tienen la misma longitud, y que la apotema divide al lado en dos partes iguales. Así, denotando la apotema por a, tenemos:

$30^2 = 15^2 + a^2 \rightarrow 900 = 225 + a^2 \rightarrow a^2 = 675 \rightarrow a = \pm\sqrt{675} \rightarrow a = \pm 25,98$

Descartando la solución negativa, por ser una longitud, resulta:

$a = 25,98$ cm

Entonces, el área de cada baldosa es:

$$A = \frac{P \cdot a}{2} = \frac{6 \cdot 30 \cdot 25,98}{2} = 2338,2 \ \text{cm}^2$$

Para expresar esta superficie en la misma unidad que la de la sala, la convertimos:

$2338,2 \ cm^2 = 0,23382 \ \text{m}^2$

Finalmente, para hallar el número aproximado de losas, _dividimos_, resultando:

$73,16 / 0,23382 = 312,89$

Solución: en la sala hay, aproximadamente, _313_ losas.

➢ Una función cuadrática corta a los ejes coordenados en los puntos (0, 5), (1, 0) y (5, 0). Determina su expresión algebraica.

Puesto que se trata de una función cuadrática, su expresión algebraica es:

$f(x) = ax^2 + bx + c$

Así pues, el problema consiste en determinar los valores de las letras _a, b_ y _c_, a partir de los datos del enunciado.

Ahora, como la función corta al _eje OY_ en el punto (0, 5), resulta que _c = 5_ y, en consecuencia, la expresión algebraica de la función queda así:

$f(x) = ax^2 + bx + 5$

Asimismo, dado que la función pasa por los puntos *(1, 0)* y *(5, 0)*, se verifica que $f(1) = 0$ y $f(5) = 0$, de donde resulta el sistema:

$$\begin{cases} f(1) = 0 \rightarrow a \cdot 1^2 + b \cdot 1 + 5 = 0 \\ f(5) = 0 \rightarrow a \cdot 5^2 + b \cdot 5 + 5 = 0 \end{cases}$$

Operando, simplificando una de las ecuaciones y resolviéndolo por el método de reducción, obtenemos:

$$\begin{cases} a + b + 5 = 0 \\ 25a + 5b + 5 = 0 \end{cases} \rightarrow \begin{cases} a + b + 5 = 0 \\ 5a + b + 1 = 0 \end{cases} \rightarrow 4a - 4 = 0 \rightarrow 4a = 4 \rightarrow a = 1$$

$$a + b + 5 = 0 \rightarrow 1 + b + 5 = 0 \rightarrow b = -6$$

Solución: la expresión algebraica de la función cuadrática es:

$$f(x) = x^2 - 6x + 5$$

➤ Antes de someterse a una terapia de adelgazamiento, con una duración de 20 semanas, César pesaba 140 kg y Aitor, 131 kg. Gracias a la dieta y al ejercicio físico, César consiguió perder 1,5 kg cada semana y Aitor, 900 g semanales. ¿Cuánto tiempo pasó hasta que los dos tenían el mismo peso? ¿Cuánto pesaban en ese momento? ¿Cuánto pesaba cada uno al finalizar la terapia de adelgazamiento?

Llamamos *x* al número de semanas transcurridas desde que César y Aitor comenzaron la terapia de adelgazamiento, y denotamos por $f(x)$ y $g(x)$ las funciones que expresan el peso de César y de Aitor, respectivamente, dependiendo de *x*.

Entonces, por las condiciones del enunciado, tenemos que:

$f(x) = 140 - 1,5x$

$g(x) = 131 - 0,9x$

(Obsérvese que hemos expresado el peso que pierde Aitor cada semana en kilogramos)

En el momento en que los dos tenían el mismo peso, las funciones $f(x)$ y $g(x)$ eran *iguales*, por lo que se cumplía la ecuación:

$140 - 1,5x = 131 - 0,9x$

Resolviendo esta ecuación, obtenemos:

$$140 - 1{,}5x = 131 - 0{,}9x \rightarrow 0{,}6x = 9 \rightarrow x = \frac{9}{0{,}6} \rightarrow x = 15$$

Así pues, pasaron _15 semanas_ hasta que _los dos tenían el mismo peso_.

En ese momento, el peso de ambos era:

_f(15) = 140 – 1,5 · 15 = 140 – 22,5 = 117,5_ kg

Por último, para determinar el peso de cada uno al terminar la terapia de adelgazamiento, calculamos _f(20)_ y _g(20)_, resultando:

_f(20) = 140 – 1,5 · 20 = 140 – 30 = 110_

_g(20) = 131 – 0,9 · 20 = 131 – 18 = 113_

Solución: desde que César y Aitor comenzaron la terapia de adelgazamiento, pasaron _15 semanas_ hasta que _los dos tenían el mismo peso_. En ese momento, dicho peso era de _117,5 kg_. Al finalizar la terapia, César pesaba _110 kg_ y Aitor, _113 kg_.

➤ En una fábrica de losas se realiza un control de calidad. Para ello, se elige al azar un lote de 30 losas cuadradas y se mide el lado de cada una de ellas. Esta longitud tendría que ser de 400 mm, pero los resultados obtenidos en la medición son algo diferentes: 398, 399, 402, 404, 402, 401, 405, 403, 401, 397, 400, 404, 404, 403, 405, 400, 403, 403, 405, 401, 398, 404, 403, 404, 401, 406, 402, 399, 401, 403.

La producción se considera defectuosa si se dan estas dos circunstancias a la vez:

— Más de la mitad de las losas tienen el lado más largo de lo deseado.

— La longitud del lado de las losas del lote, por término medio, se diferencia del valor deseado en más de 2 mm.

Determina si, en este caso, la producción se considera defectuosa o no.

Para facilitar los cálculos, en primer lugar, ordenamos los datos, de menor a mayor:

_397, 398, 398, 399, 399, 400, 400, 401, 401, 401, 401, 401, 402, 402, 402, 403, 403, 403, 403, 403, 403, 404, 404, 404, 404, 404, 405, 405, 405, 406_

Como vemos, hay _cinco_ medidas por debajo del valor deseado y _dos_ que coinciden con él. Por tanto, _sí_ se cumple la primera condición.

Veamos ahora la segunda:

La media de la longitud del lado de las losas del lote es:

$$\bar{x} = \frac{397 + 398 \cdot 2 + 399 \cdot 2 + 400 \cdot 2 + 401 \cdot 5 + 402 \cdot 3 + 403 \cdot 6 + 404 \cdot 5 + 405 \cdot 3 + 406}{30} =$$

$$= \frac{12\,061}{30} = 402,03$$

Entonces, la diferencia entre esta media y el valor deseado es:

_402,03 – 400 = 2,03_ mm

Como es una cantidad _mayor_ que 2 mm, _sí_ se verifica la segunda condición.

Solución: puesto que _sí_ se dan las dos circunstancias a la vez, en este caso, la producción _sí_ se considera defectuosa.

➢ En una localidad hay dos centros comerciales, _A_ y _B_. Los sábados por la tarde, el 45 % de los habitantes va al centro comercial _A_, el 50 % al _B_ y el 20 %, a los dos. Si se elige al azar un residente de esta localidad, ¿cuál es la probabilidad de que no vaya a ningún centro comercial los sábados por la tarde?

En primer lugar, consideramos los sucesos:

_A_ = {El residente elegido va al centro comercial _A_ los sábados por la tarde}

_B_ = {El residente elegido va al centro comercial _B_ los sábados por la tarde}

Con esta notación, tenemos que:

_A_ ∩ _B_ = {El residente elegido va a _los dos centros comerciales_ los sábados por la tarde}

Y, como solo hay dos centros comerciales en la localidad, resulta también que:

_A_ ∪ _B_ = {El residente elegido va a _algún centro comercial_ los sábados por la tarde}

Por tanto:

$\overline{A \cup B}$ ={El residente elegido *no va a ningún centro comercial* los sábados por la tarde}

De esta manera, el problema consiste en calcular la probabilidad de este último suceso.

Con este fin, vamos a usar la fórmula de la probabilidad del suceso contrario:

$$P(\overline{A \cup B}) = \underline{1 - P(A \cup B)}$$

Por su parte, para hallar la probabilidad del suceso $A \cup B$, aplicamos la fórmula:

$$P(A \cup B) = \underline{P(A) + P(B) - P(A \cap B)}$$

Teniendo en cuenta que, por los datos del enunciado, se cumple que $P(A) = \underline{0{,}45}$, $P(B) = \underline{0{,}5}$ y $P(A \cap B) = \underline{0{,}2}$, sustituyendo y operando, obtenemos:

$$P(A \cup B) = \underline{0{,}45 + 0{,}5 - 0{,}2 = 0{,}75}$$

Entonces:

$$P(\overline{A \cup B}) = \underline{1 - 0{,}75 = 0{,}25}$$

Solución: la probabilidad de que el residente elegido al azar no vaya a ningún centro comercial los sábados por la tarde es $\underline{0{,}25}$.

15. Analiza las operaciones realizadas en la resolución y señala cuáles de los siguientes enunciados se podrían resolver de este modo. Para los enunciados que no puedan resolverse así, explica la razón.

En primer lugar, calculamos las dos novenas partes del dato inicial:

$$\frac{2}{9} \text{ de } 18 = \frac{2}{9} \cdot 18 = \frac{2 \cdot 18}{9} = 2 \cdot 2 = 4$$

A continuación, restamos este resultado del dato inicial: $18 - 4 = 14$

Seguidamente, calculamos las cuatro séptimas partes de este número:

$$\frac{4}{7} \text{ de } 14 = \frac{4}{7} \cdot 14 = \frac{4 \cdot 14}{7} = 4 \cdot 2 = 8$$

Ahora, sumamos el primer resultado, este último y 2,5: $4 + 8 + 2{,}5 = 14{,}5$

Por último, restamos este número del dato inicial: $18 - 14,5 = 3,5$

☒ Paula fue concursante de un programa de televisión que consistía en sobrevivir durante una semana en una isla desierta. Para ello, le proporcionaron 18 L de agua. Entre el lunes y el martes, Paula consumió las dos novenas partes del agua; entre el miércoles, el jueves y el viernes, las cuatro séptimas partes de lo que le quedaba, y el sábado, se tomó 2,5 L. ¿Cuánta agua le quedó para el domingo?

☐ Un médico de guardia trabaja durante 18 horas consecutivas. Las dos novenas partes del tiempo se dedica a ver a los pacientes; las cuatro séptimas partes, a atender urgencias; dos horas y media a descansar y comer, y el resto, a revisar documentos y pruebas. ¿Cuánto tiempo pasa revisando documentos y pruebas?

☐ Una bolsa tiene 18 cruasanes de chocolate. Luis se comió 2/9 de los cruasanes y, más tarde, Alejandro se comió las cuatro séptimas partes de lo que quedaba. Por la tarde, Lucas se comió dos cruasanes y medio. ¿Cuántos cruasanes se comieron entre los tres?

☒ El día que Maite alcanzó la mayoría de edad, estuvo haciendo cálculos, y llegó a la conclusión de que había pasado el equivalente a las dos novenas partes de su vida ocupada con actividades escolares; el equivalente a las cuatro séptimas partes del resto, a dormir y comer, y el equivalente a dos años y medio a disfrutar del tiempo libre. Maite se preguntaba cuál sería el equivalente en años que había dedicado a hacer otras cosas.

☒ El lunes, Antonio se gastó 2/9 de su paga semanal en una revista; el viernes, se gastó 4/7 de lo que le quedaba en ir a cenar a una hamburguesería y, el domingo, se gastó 2,5 € en dulces y golosinas. Si la paga semanal de Antonio es de 18 €, ¿cuánto dinero le sobró?

Justificación:

El segundo enunciado no puede resolverse de este modo, porque las cuatro séptimas partes se refieren al total (18 horas) y no al resto (14 horas), como sucede en la resolución.

El tercer enunciado tampoco, porque, para solucionarlo, no sería necesario realizar la última resta de la resolución.

16. Analiza el planteamiento y la resolución y señala cuáles de los siguientes enunciados se podrían resolver de este modo. Para los enunciados que no puedan resolverse así, explica la razón.

Llamamos x a la cantidad que queremos calcular. Entonces, a partir de las condiciones y los datos del enunciado, tenemos la ecuación:

$$\frac{x}{6} + \frac{x+249}{3} + \frac{2x-305}{4} = 1467$$

Resolviéndola, resulta:

$$12 \cdot \left(\frac{x}{6} + \frac{x+249}{3} + \frac{2x-305}{4} \right) = 12 \cdot 1467 \rightarrow 2x + 4 \cdot (x+249) + 3 \cdot (2x-305) = 17\,604$$

$$2x + 4x + 996 + 6x - 915 = 17\,604 \rightarrow 12x = 17\,523 \rightarrow x = \frac{17\,523}{12} \rightarrow x = 1460,25$$

☐ Los aficionados al baloncesto de Villa Azul, Villa Verde y Villa Roja se han puesto de acuerdo para viajar juntos a Villa Naranja, donde se celebrará la final. En Villa Verde hay 249 aficionados más que en Villa Azul y en Villa Roja, 305 menos del doble que en Villa Azul. Sin embargo, por cuestiones organizativas, solo podrá ir una sexta parte de los aficionados de Villa Azul, una tercera parte de los de Villa Verde y una cuarta parte de los de Villa Roja. En total, asistirán 1467 personas de estas tres poblaciones. ¿Cuántos aficionados hay en Villa Azul?

☒ Lucrecia, Basilia y Manuela han alquilado un apartamento en la playa por 1467 €. Lucrecia contribuye con un sexto de su sueldo; Basilia, con un tercio del suyo, y Manuela, con la cuarta parte del suyo. Lucrecia gana 249 € menos que Basilia y, si Manuela ganara 305 € más, cobraría el doble que Lucrecia. ¿Cuál es el sueldo de Lucrecia?

☒ Un volquete, inicialmente cargado con cierta cantidad de arena, realiza un recorrido dentro de una obra, pasando por los puntos A, B, C, D y E. En A, descarga la sexta parte de la arena; en B, se le añade arena, hasta tener 249 kg más que al principio; en C, descarga la tercera parte de la que lleva en ese momento; en D, se le echa arena, hasta tener 305 kg menos del doble de lo que tenía al principio; en E, descarga la cuarta parte de la que lleva en ese momento. Si el total de arena descargada en A, C y E es igual a 1467 kg, ¿qué cantidad de arena llevaba el volquete al principio?

☐ Cuatro amigos, Abelardo, Beltrán, Carolina y Diego, se han comprado sendas fincas urbanas para construir una casa con jardín. La finca de Abelardo mide la sexta parte de la superficie de la finca de Diego; la de Beltrán, 249 m² más que la tercera parte de la de Diego y, la de Carolina, la cuarta parte del resultado de restarle 305 m² al doble de la superficie de la finca de Diego. Además, la superficie conjunta de las fincas de Abelardo, Beltrán y Carolina es de 1467 m². ¿Cuánto mide la finca de Diego?

Justificación:

La resolución no es válida para el primer enunciado, porque su solución debería ser un número natural, al tratarse de una cantidad de personas; sucede que el planteamiento sería correcto, pero la formulación del problema, no.

El cuarto enunciado tampoco puede resolverse así, porque la expresión de la superficie de la finca de Beltrán debería ser $\dfrac{x}{3} + 249$ y no $\dfrac{x + 249}{3}$, como aparece en la resolución.

17. Analiza las resoluciones de los siguientes problemas y encuentra el error que hay en cada una de ellas. Explica la razón y escribe el planteamiento correcto.

➤ Tras gastarse las tres octavas partes de un depósito de agua, quedan en él 2520 L. ¿Cuál es la capacidad del depósito?

Llamamos x a la capacidad del depósito. Entonces, por las condiciones y los datos del enunciado, tenemos la ecuación:

$$\frac{3}{8} \cdot x - 2520$$

Resolviéndola, resulta:

$$\frac{3}{8} \cdot x = 2520 \rightarrow x = \frac{8 \cdot 2520}{3} \rightarrow x = 8 \cdot 840 \rightarrow x = 6720$$

Solución: el depósito tiene una capacidad de 6720 L.

¿Dónde está el fallo?

Puesto que se han gastado 3/8 del depósito, aún quedan 5/8 del mismo, porque 1 – 3/8 = 5/8. Por tanto, la ecuación a resolver es:

$$\frac{5}{8} \cdot x = 2520$$

➢ Samuel ha ganado las dos quintas partes de un premio de 50 000 € y le ha dado la cuarta parte a su madre. ¿Cuánto dinero ha recibido su madre?

Para hallar el dinero recibido por Samuel, calculamos:

$$\frac{2}{5} \text{ de } 50\,000 = \frac{2}{5} \cdot 50\,000 = \frac{2 \cdot 50\,000}{5} = 2 \cdot 10\,000 = 20\,000$$

Así pues, el resto es: 50 000 – 20 000 = 30 000 €

Ahora, determinamos la cuarta parte del resultado anterior:

$$\frac{1}{4} \text{ de } 30\,000 = \frac{1}{4} \cdot 30\,000 = \frac{30\,000}{4} = 7500$$

Solución: la madre de Samuel ha recibido 7500 €.

¿Dónde está el fallo?

La madre recibe la cuarta parte de lo que ha ganado Samuel, no del resto. Por tanto, el planteamiento correcto sería:

$$\frac{1}{4} \text{ de } 20\,000$$

➢ Joaquín tiene 12 libros más que Carmen y, entre los dos, tienen 134. ¿Cuántos libros tiene Joaquín?

Llamamos x al número de libros que tiene Joaquín. Entonces, la cantidad de libros de Carmen se expresa por $x + 12$.

Ahora, puesto que, entre los dos, tienen 134 libros, debe cumplirse la igualdad:

$$x + (x + 12) = 134$$

Resolviendo esta ecuación de primer grado, resulta:

$$x + x + 12 = 134 \rightarrow 2x = 122 \rightarrow x = \frac{122}{2} \rightarrow x = 61$$

Solución: Joaquín tiene 61 libros.

¿Dónde está el fallo?

Joaquín tiene más libros que Carmen, por lo que no puede ser que Carmen tenga x + 12, ya que esta cantidad es mayor que x. El planteamiento correcto sería escribir x − 12 para expresar el número de libros de Carmen.

18. Lee los siguientes enunciados y señala la construcción geométrica correspondiente a cada uno de ellos, entre las alternativas que se dan.

   ➤ A partir del triángulo equilátero *ABC*, se construye el cuadrado *BCDE*. Por el punto *B*, se traza la recta tangente a la circunferencia circunscrita al triángulo *ABC* y se corta con el cuadrado, resultando el punto *P*.

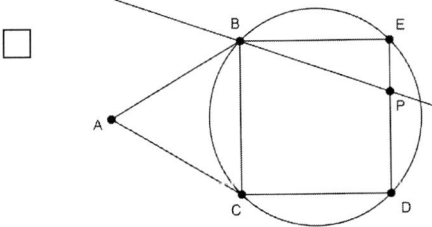

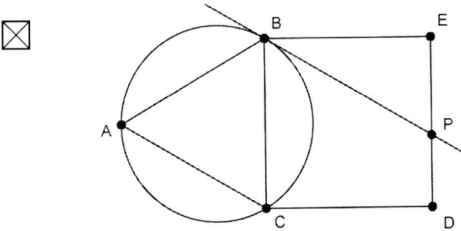

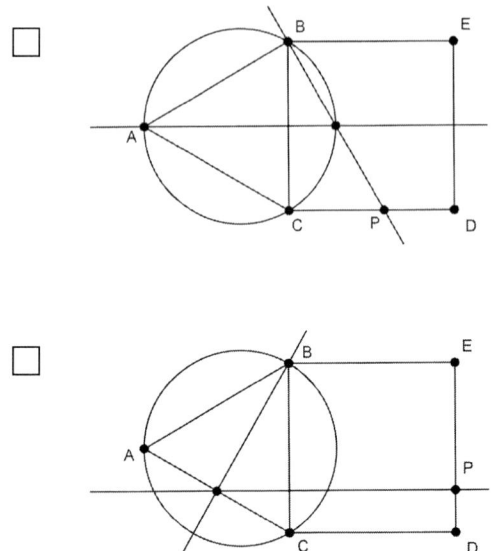

> ➤ Por el punto medio del lado *AC* de un triángulo, denotado por *M*, se traza la perpendicular al lado *AB* y se corta con él, obteniéndose el punto *D*. A continuación, se hace la intersección de la circunferencia inscrita al triángulo *AMD* con el lado *AC*, resultando el punto *P*.

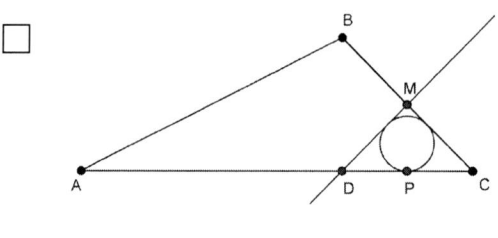

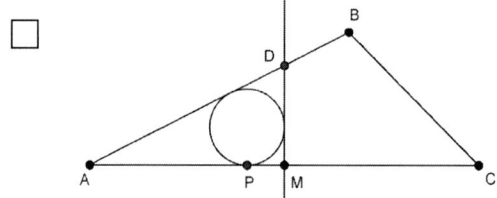

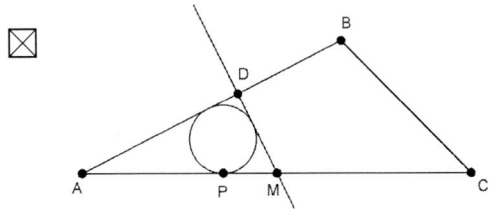

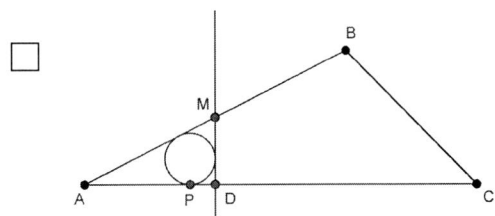

19. Relaciona cada construcción geométrica con el enunciado adecuado. Ten en cuenta que hay enunciados que no se corresponden con ninguna construcción geométrica.

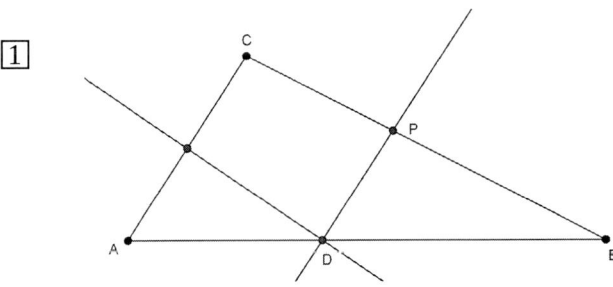

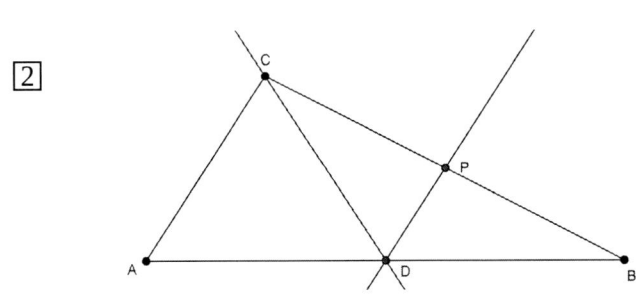

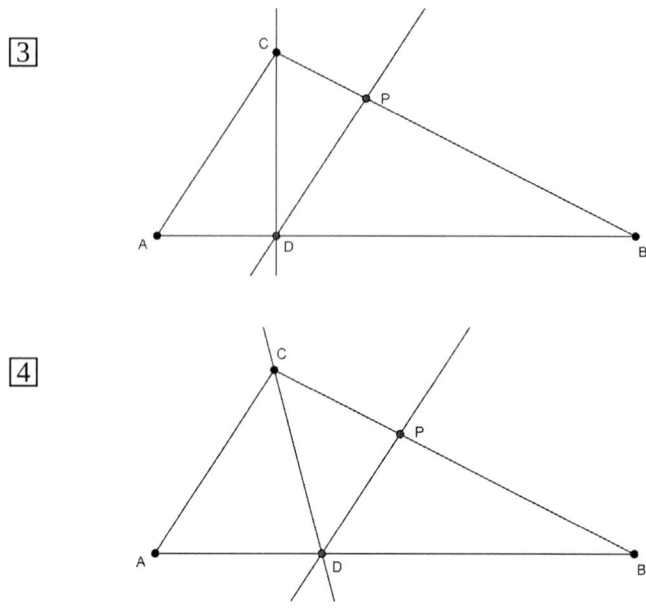

[3] En un triángulo *ABC*, el punto *D* es el pie de la altura correspondiente al vértice *C*. La paralela al lado *AC*, trazada por *D*, corta al lado opuesto al vértice *A* en el punto *P*.

☐ En un triángulo *ABC*, el punto *D* es la intersección del lado *AB* con la mediatriz correspondiente al lado *BC*. La paralela al lado *AC*, trazada por *D*, corta al lado *BC* en el punto *P*.

[1] En un triángulo *ABC*, el punto *D* se encuentra en el lado *AB* y en la mediatriz correspondiente al lado *AC*. La paralela a este lado, trazada por *D*, corta al lado *BC* en el punto *P*.

[4] En un triángulo *ABC*, el punto *D* está en la bisectriz correspondiente al vértice *C* y en el lado opuesto a este vértice. Al intersecar el lado *BC* con la paralela al lado *AC* que pasa por *D*, se obtiene el punto *P*.

☐ En un triángulo *ABC*, el punto *D* es la intersección del lado *AB* con la bisectriz correspondiente al vértice opuesto al lado *AC*. La paralela a este lado, trazada por *D*, corta al lado *BC* en el punto *P*.

[2] En un triángulo *ABC*, el punto *D* es la intersección del lado *AB* con la mediana correspondiente al vértice *C*. La paralela al lado *AC*, trazada por *D*, corta al lado *BC* en el punto *P*.

☐ En un triángulo *ABC*, el punto *D* está en el lado *AB* y pertenece a la mediana correspondiente al vértice *A*. La paralela al lado *AC*, trazada por *D*, corta al lado *BC* en el punto *P*.

20. Señala la gráfica que se corresponde con cada uno de los siguientes enunciados.

> ➤ Un coche realiza un recorrido de 700 km, circulando a una velocidad constante de 100 km/h y haciendo una parada de 15 minutos cada dos horas.

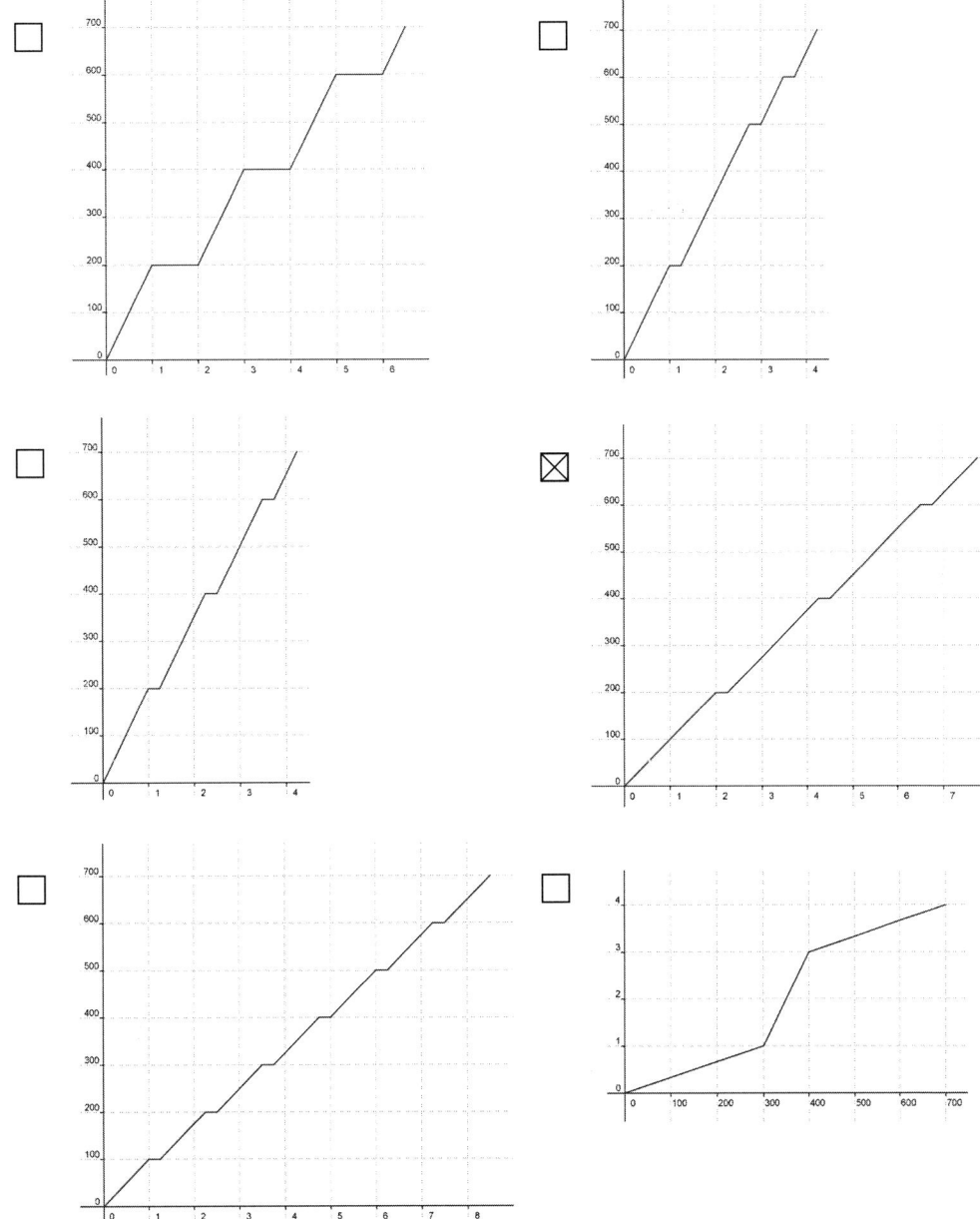

> ➤ La superficie de las rotondas circulares, en función del radio, si este no fuera menor de 1 m ni mayor de 5 m.

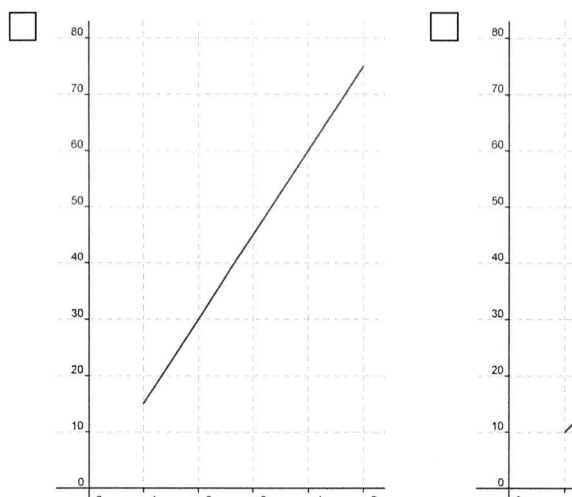

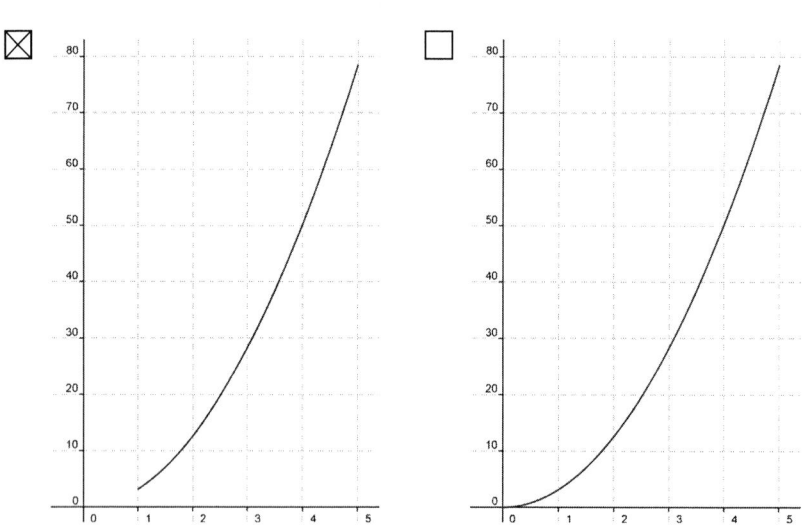

21. Relaciona cada gráfica con el enunciado adecuado. Ten en cuenta que puede haber enunciados que no se correspondan con ninguna gráfica, y viceversa.

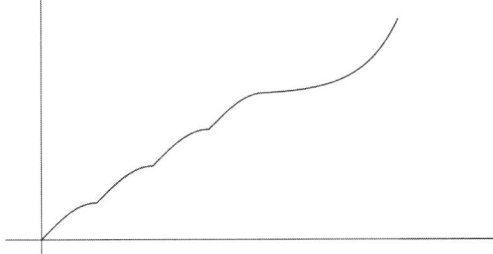

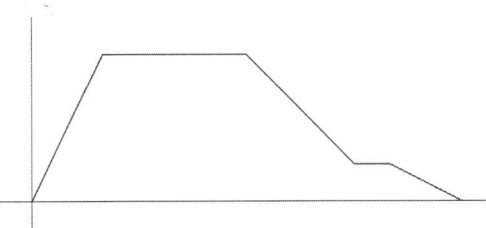

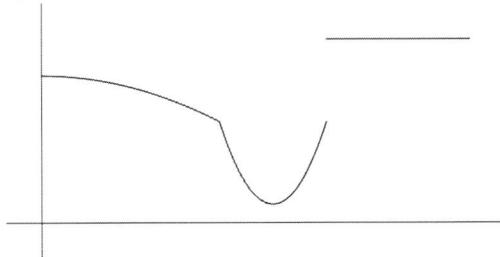

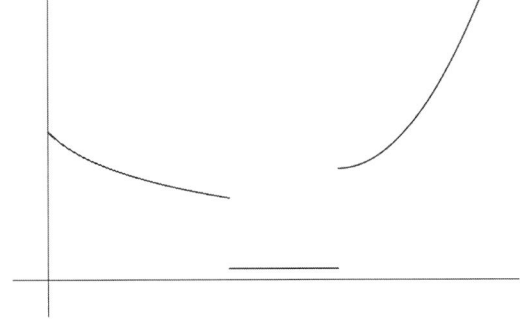

☐ Un satélite describe una órbita casi circular alrededor de la Tierra. Duran-te las primeras horas del día, la velocidad del satélite va descendiendo, lentamente al principio y más rápido después, hasta alcanzar el mínimo. Posteriormente, la velocidad aumenta. Las últimas horas del día mantiene una velocidad constante. Representa la gráfica correspondiente a la dis-tancia del satélite a la Tierra, en función del tiempo.

☐1☐ Un futbolista golpea el balón a intervalos regulares de tiempo mientras corre, hasta que finalmente dispara a puerta y el portero lo detiene. Re-presenta la gráfica correspondiente a la velocidad del balón, en función del tiempo.

☐ En un safari fotográfico participan cierto número de personas. Cuanto ma-yor es este número, más difícil es conseguir una foto, pues los animales se asustan y no se dejan ver. Representa la gráfica correspondiente al número de fotos, en función de la cantidad de personas que participan en el safari.

☐4☐ Entre los meses de enero y mayo, los beneficios de una tienda de caza-doras de piel fueron descendiendo lentamente; entre junio y agosto, casi no tuvo beneficios; a partir de septiembre, los beneficios fueron subiendo notablemente, hasta alcanzar su máximo en el mes de diciembre. Repre-senta la gráfica correspondiente a los beneficios, en función del tiempo.

☐2☐ Rodrigo sale de su casa y va caminando al supermercado a velocidad constante. Después de estar un rato comprando, va de vuelta a su casa, andando más despacio, hasta que se encuentra con un amigo, con quien se para un momento a charlar. Luego, se va a su casa, paseando tranqui-lamente. Representa la gráfica correspondiente a la distancia de su casa a la que se encuentra Rodrigo, en función del tiempo.

22. Relaciona cada espacio muestral con un enunciado. Ten en cuenta que puede haber espacios muestrales que no se correspondan con ningún enunciado, y viceversa.

☐1☐ $\Omega = \{CC, XX\}$

☐2☐ $\Omega = \{CX, CC\}$

☐3☐ $\Omega = \{CX, XC\}$

☐4☐ $\Omega = \{CC, CX, XC, XX\}$

☐5☐ $\Omega = \{XC, CC\}$

☐6☐ $\Omega = \{CC, CX, XX\}$

☐7☐ $\Omega = \{XC, CX, XX\}$

☐8☐ $\Omega = \{XC, XX\}$

4 Eva va a una librería a comprar una novela, para regalársela a Ramón. Como está dudando entre dos de ellas, lo decide a «cara o cruz», lanzando una moneda. Sin embargo, cuando mira el resultado obtenido en el lanzamiento, no recuerda con qué libro lo había asociado, así que decide lanzarla de nuevo.

☐ Un programador informático ha creado un sistema de codificación de datos que solo utiliza los símbolos «C» y «X». Para que los mensajes puedan descodificarse, los símbolos deben colocarse en grupos de tres, separados por un espacio en blanco.

3 Carlos y Ximo han creado una empresa y han contratado a un profesional para que diseñe el logotipo. Este logotipo debe estar formado por las iniciales de sus nombres, pero no tienen muy claro en qué orden colocarlas, a fin de que la imagen de la empresa sea la mejor posible. Por ello, le dan libertad al diseñador, para que él mismo elija en qué orden colocar las iniciales.

8 Talía lanza simultáneamente dos monedas españolas de 1 €. Una de ellas es de curso legal y la otra es falsa, porque tiene dos cruces, en lugar de una cara y una cruz.

☐ Anselmo ha escrito todos los números romanos que se pueden formar usando solo las letras «C» y «X», cada uno en una cartulina. A continuación, le ha dado la vuelta a las cartulinas, para que Ruth elija una al azar.

1 Al corregir una pregunta de un examen, un profesor de Matemáticas escribe la letra «C» si la respuesta es correcta y la letra «X» si no lo es. Guillermo y Javier saben que han contestado de la misma manera a esa pregunta, pero no están seguros de si lo han hecho correctamente o no.

5 Karen está haciendo un examen y no está segura de cómo escribir una palabra. Duda entre si es «Exceso» o «Ecceso». Entonces, elige al azar una de las dos.

23. Relaciona cada resolución con su enunciado. Ten en cuenta que puede haber enunciados que no se correspondan con ninguna resolución, y viceversa.

⎡1⎤ Como cualquiera de las fichas colocadas boca abajo puede ser elegida, el número de casos posibles es 25.

Por otro lado, en el juego del dominó hay siete fichas que tienen el 2 y siete fichas que tienen el 3, pero una de ellas, la 2-3, está contada dos veces, por lo que, en total, hay 13 fichas que tienen el 2 o el 3.

Si no contamos las que ya están descubiertas, entre las que están boca abajo hay 10 fichas que tienen el 2 o el 3, lo que significa que el número de casos favorables es 10. Por tanto, la probabilidad pedida es:

$$p = \frac{10}{25} = \frac{2}{5}$$

⎡2⎤ Como cualquiera de las fichas colocadas boca abajo puede ser elegida, el número de casos posibles es 26.

Por otro lado, en el juego del dominó hay siete fichas que tienen el 2 y siete fichas que tienen el 3, pero una de ellas, la 2-3, está contada dos veces, por lo que, en total, hay 13 fichas que tienen el 2 o el 3.

Si no contamos las que ya están descubiertas, entre las que están boca abajo hay 10 fichas que tienen el 2 o el 3, lo que significa que el número de casos favorables es 10. Por tanto, la probabilidad pedida es:

$$p = \frac{10}{26} = \frac{5}{13}$$

⎡3⎤ Como cualquiera de las fichas colocadas boca abajo puede ser elegida, el número de casos posibles es 26.

Por otro lado, en el juego del dominó hay siete fichas que tienen el 2 y siete fichas que tienen el 3, pero una de ellas, la 2-3, está contada dos veces, por lo que, en total, hay 13 fichas que tienen el 2 o el 3.

Si no contamos las que ya están descubiertas, entre las que están boca abajo hay 11 fichas que tienen el 2 o el 3, lo que significa que el número de casos favorables es 11. Por tanto, la probabilidad pedida es:

$$p = \frac{11}{26}$$

4. Como cualquiera de las fichas colocadas boca abajo puede ser elegida, el número de casos posibles es 27.

Por otro lado, en el juego del dominó hay siete fichas que tienen el 2, por lo que, si no contamos la que ya está descubierta, entre las que están boca abajo hay seis fichas que tienen el 2, lo que significa que el número de casos favorables es 6. Por tanto, la probabilidad pedida es:

$$p = \frac{6}{27} = \frac{2}{9}$$

5. Como cualquiera de las fichas colocadas boca abajo puede ser elegida, el número de casos posibles es 27.

Por otro lado, en el juego del dominó hay siete fichas que tienen el 2 y siete fichas que tienen el 3, pero una de ellas, la 2-3, está contada dos veces, por lo que, en total, hay 13 fichas que tienen el 2 o el 3.

Si no contamos la que ya está descubierta, entre las que están boca abajo hay 12 fichas que tienen el 2 o el 3, lo que significa que el número de casos favorables es 12. Por tanto, la probabilidad pedida es:

$$p = \frac{12}{27} = \frac{4}{9}$$

4. La ficha 2-2 del dominó está boca arriba y, las demás, boca abajo. Si se elige una de ellas al azar, ¿cuál es la probabilidad de que pueda «engancharse» con la ficha descubierta?

5. La ficha 2-3 del dominó está boca arriba y, las demás, boca abajo. Si se elige una de ellas al azar, ¿cuál es la probabilidad de que pueda «engancharse» con la ficha descubierta?

1. Las fichas 2-2, 2-3 y 3-3 del dominó están boca arriba y, las demás, boca abajo. Si se elige una de ellas al azar, ¿cuál es la probabilidad de que pueda «engancharse» con alguna de las fichas descubiertas?

☐ Las fichas del dominó que tienen el 2 o el 3 están boca arriba y, las demás, boca abajo. Si se elige una de ellas al azar, ¿cuál es la probabilidad de que pueda «engancharse» con alguna de las fichas descubiertas?

3. Las fichas 2-2 y 3-3 del dominó están boca arriba y, las otras, boca abajo. Si se elige una de ellas al azar, ¿cuál es la probabilidad de que pueda «engancharse» con alguna de las fichas descubiertas?

PARA RESOLVER EL PROBLEMA PASO A PASO Y COMPROBAR LA SOLUCIÓN

24. Resuelve los siguientes problemas siguiendo los pasos indicados.

> ➤ Observa la secuencia de cruces, formadas por cuadrados. ¿Cuántos cuadrados tendrá la cruz que continúa la secuencia? ¿Y la cruz que ocuparía la posición número 100 en la secuencia?

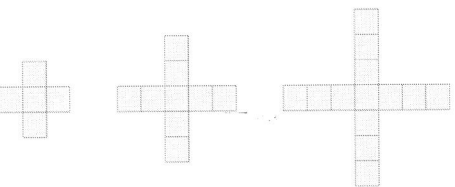

1. Dibuja la cruz que continúa la secuencia.

2. Cuenta los cuadrados que tiene esta cruz y contesta a la primera pregunta planteada.

   La cruz que continúa la secuencia tiene 17 cuadrados.

3. Para responder a la segunda pregunta, no se puede actuar como antes, porque dibujar la secuencia de cruces hasta llegar a la que ocuparía la posición 100 sería demasiado trabajoso. En lugar de eso, vamos a obtener una pauta (una regla) que permita saber el número de cuadrados que forman cada cruz, dependiendo del número de cuadrados que forman la cruz anterior. Para ello, en primer lugar, rellena la tabla.

Número de cuadrados que forman cada cruz			
Primera	Segunda	Tercera	Cuarta
5	9	*13*	*17*

4. Observa la lista de números que has obtenido. ¿Qué operación hay que hacer para calcular cada número a partir del anterior?

Hay que sumar 4.

5. ¿Por qué crees que es así? Piensa en cómo se obtiene cada cruz a partir de la anterior.

Porque cada cruz se obtiene a partir de la anterior añadiendo un cuadrado en cada «brazo» y, como hay cuatro brazos, se deben añadir cuatro cuadrados.

6. Contando desde la primera cruz de la secuencia, ¿cuántas veces se tendría que realizar esta operación hasta llegar a la cruz que ocuparía la posición número 100 de la secuencia?

Se tendría que realizar 99 veces, que es la diferencia entre 100 y 1.

7. Entonces, ¿qué operaciones hay que hacer para averiguar la cantidad de cuadrados que formarían la cruz número 100 de la secuencia? ¿Cuál es esa cantidad?

Hay que multiplicar 99 por 4 y sumar el resultado obtenido a 5, que es el número de cuadrados de la primera cruz. El resultado es 401, porque 99 · 4 + 5 = 401.

8. Contesta a la segunda pregunta planteada.

La cruz que ocuparía la posición número 100 tendría 401 cuadrados.

9. Ahora que has resuelto el problema siguiendo los pasos indicados, ¿se te ocurre alguna forma distinta de calcular la cantidad de cuadrados que formarían la cruz número 100 de la secuencia? ¿Qué concepto debes utilizar? Resuelve nuevamente el problema, esta vez sin indicaciones, utilizando este concepto. Explica los pasos que se van dando.

Los números que indican la cantidad de cuadrados que forman cada cruz constituyen una sucesión, en la que cada término se obtiene a partir del anterior sumando la misma cantidad, 4. Así pues, se trata de una progresión aritmética de diferencia $d = 4$, cuyo primer término es $a_1 = 5$.

Entonces, podemos aplicar la conocida fórmula que proporciona el término general de una progresión aritmética:

$$a_n = a_1 + (n - 1)d$$

Como nos interesa calcular el término número 100, tomamos n = 100. Sustituyendo todos los valores conocidos en la fórmula, resulta:

$$a_{100} = 5 + (100 - 1) \cdot 4 = 5 + 99 \cdot 4 = 401$$

De este modo, se puede contestar a la segunda pregunta diciendo que la cruz que ocuparía la posición número 100 estaría formada por 401 cuadrados.

➢ José tiene ahorrados 640 € más que Almudena. Si José ahorrara 80 € cada mes y Almudena ahorrara 30 € mensuales, dentro de dos años, José tendría ahorrado el triple que Almudena. ¿Cuánto dinero tiene ahorrado cada uno de ellos?

1. Elige una letra para indicar la cantidad de dinero que tiene ahorrado José y otra para indicar los ahorros de Almudena.

José tiene x euros ahorrados; Almudena, y euros.

2. Escribe una ecuación que relacione estas letras, a partir del primer dato del enunciado. Fíjate bien en cuál de las dos cantidades debe ser mayor.

$$x = y + 640$$

3. ¿Cuánto dinero más tendría José al cabo de dos años si ahorrara 80 € cada mes? Justifica la respuesta.

Como un año tiene 12 meses, dos años son 24 meses. Así pues, si José ahorrara 80 € al mes, al cabo de dos años, tendría 1920 € más, porque $80 \cdot 24 = 1920$.

4. Escribe la expresión algebraica con la que se indica el dinero total que José tendría ahorrado al cabo de dos años si ahorrara 80 € al mes.

Hay que sumar los ahorros que tiene ahora y los que tendría al cabo de dos años. El resultado es la expresión algebraica x + 1920.

5. Haz lo mismo con los ahorros de Almudena: si ahorrara 30 € al mes, durante dos años, ¿cuánto dinero más tendría ahorrado? ¿Qué expresión algebraica permite indicar la cantidad total de dinero ahorrado que tendría Almudena al cabo de dos años?

Al cabo de dos años, ahorraría 720 €, porque $24 \cdot 30 = 720$. Entonces, la expresión algebraica con la que se indica la cantidad total de dinero que Almudena tendría ahorrado es y + 720.

6. Escribe la ecuación que relaciona los ahorros totales que tendrían al cabo de dos años, considerando el dato del enunciado, que establece que José tendría el triple que Almudena.

$$x + 1920 = 3(y + 720)$$

7. Simplifica la ecuación anterior, quitando los paréntesis y trasponiendo uno de los dos números, lo que deja una incógnita despejada.

$$x + 1920 = 3(y + 720) \rightarrow x + 1920 = 3y + 2160 \rightarrow$$

$$\rightarrow x = 3y + 2160 - 1920 \rightarrow x = 3y + 240$$

8. Escribe el sistema de ecuaciones que resulta al considerar las dos ecuaciones obtenidas (la anterior y la del paso 2).

$$\begin{cases} x = y + 640 \\ x = 3y + 240 \end{cases}$$

9. Resuelve el sistema por el método más adecuado.

Como la incógnita x está despejada en las dos ecuaciones, parece más sencillo resolver el sistema por el método de igualación:

$$\left. \begin{array}{l} x = y + 640 \\ x = 3y + 240 \end{array} \right\} \rightarrow 3y + 240 = y + 640 \rightarrow 2y = 400 \rightarrow y = 200$$

$$x = 200 + 640 \rightarrow x = 840$$

10. Responde a la pregunta planteada en el enunciado.

José tiene ahorrados 840 € y Almudena, 200 €.

11. Comprueba la solución.

Si José tiene ahorrados 840 €, al cabo de dos años, tendría 840 + 1920 = 2760 €. Por su parte, si Almudena tiene 200 € ahorrados, dos años más tarde tendría 200 + 720 = 920 €. Si multiplicamos 920 € por 3, resulta 2760 €, que es precisamente la cantidad que José tendría después de dos años.

12. Ahora que has resuelto el problema siguiendo los pasos indicados y usando un sistema de ecuaciones, ¿sabrías resolverlo sin indicaciones, usando solo ecuaciones (no sistemas)? Resuélvelo de este modo, explicando los pasos que se van dando.

Si llamamos x a la cantidad de dinero que Almudena tiene ahorrado, como José tiene ahorrados 640 € más que ella, el dinero que José tiene ahorrado puede escribirse mediante la expresión x + 640.

Por otro lado, el cálculo del dinero que ambos ahorrarían al cabo de dos años es igual que el realizado antes: José ahorraría 1920 €, que es el resultado de multiplicar los 24 meses que tienen los dos años por los 80 € que ahorraría cada mes; mientras que Almudena ahorraría 720, porque 24 · 30 = 720.

Así pues, la expresión algebraica que indica la cantidad total de dinero ahorrado por José al cabo de dos años es (x + 640) + 1920, y la expresión algebraica correspondiente a Almudena es x + 720.

La ecuación que se obtiene al imponer que José tenga ahorrado el triple que Almudena es la siguiente:

$$(x + 640) + 1920 = 3(x + 720)$$

Resolviendo la ecuación, resulta:

$$(x + 640) + 1920 = 3(x + 720) \rightarrow x + 2560 = 3x + 2160 \rightarrow$$

$$\rightarrow 2x = 400 \rightarrow x = 200$$

En consecuencia, Almudena tiene ahorrados 200 € y José, 840 € (es el resultado de sumar 200 y 640).

➤ En una fábrica se elabora un tipo de queso mezclando leche de vaca y de oveja. La leche de vaca le cuesta 0,50 €/L y la de oveja, 0,90 €/L. Por cuestiones de mercado, la fábrica necesita disponer de 800 L de mezcla al día, con un coste de 0,56 €/L. ¿Cuántos litros de cada tipo de leche se deben mezclar?

1. Elige una letra para indicar el número de litros de leche de vaca que debe haber en la mezcla.

Debe haber x litros de leche de vaca.

2. Teniendo en cuenta la letra elegida y el dato del enunciado, ¿qué expresión algebraica permite representar la cantidad de litros de leche de oveja que debe haber en la mezcla?

La expresión 800 – x.

3. Expresa el coste total de la leche de vaca que debe haber en la mezcla, a partir de la letra elegida.

El coste total de la leche de vaca es 0,5x.

4. Expresa también el coste total de la leche de oveja, usando la letra elegida.

El coste total de la leche de oveja es 0,9 · (800 – x).

5. Entonces, ¿cómo se expresa el coste total de la mezcla, usando la letra elegida?

Mediante la expresión 0,5x + 0,9 · (800 – x).

6. Por otro lado, teniendo en cuenta los datos del enunciado, ¿cuál es el coste total de la mezcla?

El coste total de la mezcla es: 0,56 · 800 = 448 €

7. Ahora, puesto que las respuestas a las cuestiones 5 y 6 deben ser iguales, se puede establecer una ecuación. ¿Cuál es esta ecuación?

La ecuación: 0,5x + 0,9 · (800 – x) = 448

8. Resuelve la ecuación paso a paso.

$$0,5x + 0,9 \cdot (800 - x) = 448 \rightarrow 0,5x + 720 - 0,9x = 448 \rightarrow$$

$$-0,4x = -272 \rightarrow x = \frac{-272}{-0,4} \rightarrow x = 680$$

9. Entonces, ¿cuántos litros de leche de oveja debe haber en la mezcla?

Debe haber 120 L, ya que 800 – 680 = 120.

10. Comprueba que la solución obtenida es correcta.

La solución es correcta, puesto que la suma de las dos cantidades es igual a 800, que son los litros de mezcla que debe haber, y el coste total sería: 0,5 · 680 + 0,9 · 120 = 448, que coincide con el calculado antes, multiplicando los litros de la mezcla por el coste de cada litro.

11. Responde a la pregunta formulada.

Se deben mezclar 680 L de leche de vaca y 120 L de leche de oveja.

➤ La superficie de un rectángulo es de 54 cm². Se sabe que tiene 3 cm menos de ancho que de largo. ¿Cuáles son sus dimensiones?

1. ¿Qué se pide? ¿Qué significa exactamente?

Se piden las dimensiones de un rectángulo, es decir, el largo y el ancho.

2. ¿Se puede plantear el problema con solo una incógnita? Justifica la respuesta.

Aunque hay que calcular dos longitudes, el problema se puede plantear con solo una incógnita, porque, si se calcula el largo del rectángulo, solo hay que restar 3 para hallar el ancho.

3. Haz un dibujo para representar la situación, en el que aparezcan los dos lados del rectángulo expresados mediante la incógnita elegida.

x - 3 cm

x cm

4. Un dato del problema es la superficie del rectángulo. ¿Qué fórmula hay que utilizar para relacionar este dato con la incógnita?

Hay que utilizar la fórmula del área de un rectángulo: $A = b \cdot h$

5. Escribe la ecuación que resulta al usar la fórmula anterior, teniendo en cuenta el significado de la incógnita y el valor de la superficie del rectángulo, según el enunciado.

$$x(x - 3) = 54$$

6. Resuelve la ecuación obtenida, indicando los pasos que se van dando.

En primer lugar, se eliminan los paréntesis:

$$x^2 - 3x = 54$$

Como sale una ecuación de segundo grado, se trasponen todos los términos al primer miembro, para poder aplicar la fórmula:

$$x^2 - 3x - 54 = 0$$

Aplicando la fórmula, resulta:

$$x = \frac{3 \pm \sqrt{(-3)^2 - 4 \cdot 1 \cdot (-54)}}{2 \cdot 1} = \frac{3 \pm \sqrt{9 + 216}}{2} = \frac{3 \pm \sqrt{225}}{2} =$$

$$= \frac{3 \pm 15}{2} \rightarrow \begin{cases} x = \dfrac{3 + 15}{2} \rightarrow x = 9 \\ \\ x = \dfrac{3 - 15}{2} \rightarrow x = -6 \end{cases}$$

Como una longitud no puede ser negativa, se descarta el valor $x = -6$.

De este modo, la largura del rectángulo mide 9 cm y, entonces, la anchura es de 6 cm, porque $9 - 3 = 6$.

7. Comprueba que la solución obtenida es correcta.

Se cumple que el ancho es 3 cm menor que el largo y, además, al calcular la superficie del rectángulo, resulta $9 \cdot 6 = 54$, que coincide con el dato del enunciado.

8. Responde a la pregunta planteada.

Las dimensiones del rectángulo son: 9 cm × 6 cm

➢ Un depósito de agua tiene dos entradas, la *A* y la *B*, y un desagüe. Si solo se abre la *A*, el depósito tarda 8 h en llenarse por completo; si solo se abre la *B*, se llena en 12 h; si las entradas están cerradas y el desagüe abierto, se vacía en 56 h. ¿Cuánto tiempo tarda en llenarse si se abren las dos entradas a la vez? ¿Y si se abren las dos entradas y el desagüe?

1. Según el enunciado, abriendo la entrada *A*, el depósito tarda 8 h en llenarse. Entonces, ¿qué fracción del depósito se llena en una hora, si solo está abierta la entrada *A*?

Se llena 1/8 del depósito.

2. ¿Y si solo se abre la entrada *B*? ¿Qué fracción del depósito se llena en una hora? ¿Por qué?

   En este caso, se llena 1/12 del depósito, porque, abriendo solo la entrada B, el depósito tarda 12 h en llenarse.

3. Entonces, si se abren las dos entradas a la vez, ¿qué fracción del depósito se llena en una hora? Justifica la respuesta.

   Como con una entrada se llena 1/8 del depósito en una hora y, con la otra, 1/12, si se abren las dos a la vez, en una hora se llena la fracción que resulta de sumar las dos anteriores:

$$\frac{1}{8} + \frac{1}{12} = \frac{3}{24} + \frac{2}{24} = \frac{5}{24}$$

4. Ahora, si llamamos *x* a una cantidad cualquiera de horas, ¿qué operación hay que hacer con *x* y el resultado anterior para averiguar la fracción del depósito que se llena en esas *x* horas?

   Hay que multiplicar.

5. En consecuencia, ¿qué expresión algebraica permite representar la fracción del depósito que se llena en esas *x* horas?

   El monomio: $\dfrac{5}{24}x$

6. Si *x* fuera precisamente el tiempo que tarda en llenarse el depósito, ¿a qué valor tendría que ser igual la expresión anterior? ¿Por qué?

   Tendría que ser igual a 1, porque el depósito completo se corresponde con la unidad.

7. ¿Qué ecuación se puede plantear, entonces?

   La ecuación: $\dfrac{5}{24}x = 1$

8. Resuelve la ecuación.

$$\frac{5}{24}x = 1 \rightarrow x = \frac{1 \cdot 24}{5} \rightarrow x = \frac{24}{5}$$

9. Observa el resultado. ¿Qué relación tiene con la fracción obtenida en la cuestión 3? ¿Qué conclusión se puede sacar?

Es la fracción inversa. La conclusión es que se podría haber calculado esta última fracción de una manera más rápida y directa: sencillamente, invirtiendo la otra fracción.

10. Expresa el resultado de la manera en que habitualmente se habla del tiempo: número de horas y minutos. Indica los pasos que se van dando.

En primer lugar, escribimos la fracción en forma decimal, efectuando la división del numerador entre el denominador:

$$\frac{24}{5} = 4,8$$

Se trata, pues, de «cuatro horas y pico». Para saber con cuántos minutos se corresponde la expresión decimal, la multiplicamos por 60, que son los minutos que tiene una hora:

$$0,8 \cdot 60 = 48$$

11. Responde a la primera pregunta formulada.

Si se abren las dos entradas a la vez, el depósito tarda cuatro horas y 48 minutos en llenarse.

12. Vamos a abordar ahora la segunda parte del problema. Según el enunciado, si se abre el desagüe mientras las dos entradas están cerradas, el depósito se vacía en 56 h. Entonces, ¿qué fracción del depósito se vacía en una hora?

Se vacía 1/56 del depósito.

13. Teniendo en cuenta el resultado anterior y el obtenido en la cuestión 3, calcula la fracción del depósito que se llena en una hora cuando están abiertos el desagüe y las dos entradas. Justifica la respuesta.

Como hemos visto en la cuestión 3, cuando están abiertas las dos entradas, cada hora se llenan 5/24 del depósito. Sin embargo, al estar abierto también el desagüe, al mismo tiempo se está vaciando 1/56 del mismo. Por tanto, para determinar la fracción «neta», restamos y simplificamos el resultado:

$$\frac{5}{24} - \frac{1}{56} = \frac{35}{168} - \frac{3}{168} = \frac{32}{168} = \frac{4}{21}$$

14. Ahora, teniendo en cuenta la conclusión alcanzada en la cuestión 9, ¿qué fracción representa el tiempo necesario para que se llene por completo el depósito estando abiertos el desagüe y las dos entradas?

La fracción inversa de la anterior: $\dfrac{21}{4}$

15. Como en la cuestión 10, expresa el resultado anterior de la manera habitual: indica el número de horas y de minutos.

La expresión decimal es:

$$\frac{21}{4} = 5,25$$

Así pues, se trata de cinco horas y 15 minutos, ya que 0,25 se corresponde con un cuarto de hora.

16. Responde a la segunda pregunta.

Si se abren a la vez las dos entradas y el desagüe, el depósito tarda cinco horas y 15 minutos en llenarse.

17. ¿Sería posible que se hubiera obtenido un resultado negativo en la cuestión 13? ¿Qué sucedería en tal caso?

Si el resultado de la cuestión 13 fuera negativo, significaría que el depósito se vacía más rápido de lo que se llena, es decir, que el desagüe tendría más caudal que las dos entradas juntas. En tal caso, no podríamos hablar de la fracción del depósito que se llena cada hora, porque no se llenaría nada. Así pues, si el resultado fuera negativo, se consideraría que es nulo.

➤ Un paracaidista saltó de una avioneta. Cuando había descendido 5/8 de la altura desde la que se lanzó, intentó abrir el paracaídas, pero no funcionaba. Entonces, se desprendió del paracaídas principal y utilizó el de emergencia. Este se abrió cuando el paracaidista se encontraba a 396 m de altura, momento en el que había descendido 2/5 de la altura a la que estaba cuando intentó abrir el paracaídas principal. ¿A qué altura volaba la avioneta cuando saltó el paracaidista?

1. Elige una letra para indicar el dato que hay que calcular.

Llamamos x a la altura de la avioneta cuando saltó el paracaidista.

2. Expresa la altura a la que se encontraba el paracaidista cuando intentó abrir el paracaídas principal, usando la letra elegida. Justifica la respuesta.

Como había descendido 5/8 de la altura desde la que se lanzó (esto es, de x), aún le quedaban 3/8, ya que:

$$1 - \frac{5}{8} = \frac{3}{8}$$

Por tanto, cuando intentó abrir el paracaídas principal, estaba a una altura igual a:

$$\frac{3}{8} \ de \ x = \frac{3x}{8}$$

3. Según el enunciado, cuando el paracaídas de emergencia se abrió, el paracaidista había descendido 2/5 de la expresión anterior. Entonces, ¿cómo se puede expresar la altura a la que se encontraba el paracaidista cuando se abrió el paracaídas de emergencia, usando la letra elegida? Razona la respuesta.

De manera análoga a la cuestión anterior, como había descendido 2/5, aún le quedaban por descender 3/5, ya que:

$$1 - \frac{2}{5} = \frac{3}{5}$$

Así pues, para expresar la altura a la que se encontraba el paracaidista cuando se abrió el paracaídas de emergencia, calculamos:

$$\frac{3}{5} \ de \ \frac{3x}{8} = \frac{3}{5} \cdot \frac{3x}{8} = \frac{9x}{40}$$

4. ¿Con qué dato del enunciado debe coincidir la expresión anterior?

Con 396 m, que es la altura a la que se encontraba el paracaidista cuando se abrió el paracaídas de emergencia.

5. La igualdad mencionada se puede expresar mediante una ecuación. ¿Cuál es esta ecuación?

La ecuación: $\frac{9x}{40} = 396$

6. Resuelve la ecuación.

$$\frac{9x}{40} = 396 \rightarrow x = \frac{396 \cdot 40}{9} \rightarrow x = 44 \cdot 40 \rightarrow x = 1760$$

7. Comprueba que el resultado obtenido es correcto.

Cuando intentó abrir el paracaídas principal, había descendido:

$$\frac{5}{8} \ de \ 1760 = \frac{5}{8} \cdot 1760 = \frac{5 \cdot 1760}{8} = 5 \cdot 220 = 1100 \ m$$

Así pues, se encontraba a 660 m de altura, ya que 1760 − 1100 = 660.

Por su parte, el paracaídas de emergencia se abrió cuando había descendido 2/5 del resultado anterior:

$$\frac{2}{5} \ de \ 660 = \frac{2}{5} \cdot 660 = \frac{2 \cdot 660}{5} = 2 \cdot 132 = 264 \ m$$

Por lo tanto, la altura a la que estaba el paracaidista cuando se abrió el paracaídas de emergencia era: 660 − 264 = 396 m, resultado que coincide con el dato del enunciado, lo que significa que la solución obtenida es correcta.

8. Responde a la pregunta formulada.

Cuando saltó el paracaidista, la avioneta volaba a 1760 m de altura.

➤ El problema anterior se ha resuelto haciendo uso del lenguaje algebraico y las ecuaciones. Sin embargo, es posible llegar a la solución utilizando un procedimiento distinto, basado en la representación geométrica de las fracciones. Sigue los pasos indicados para resolver el problema también de este modo.

1. En primer lugar, dibuja un rectángulo formado por una fila de ocho cuadrados y sombrea la parte correspondiente a la fracción 5/8, que representa el descenso del paracaidista hasta que intentó abrir el paracaídas principal.

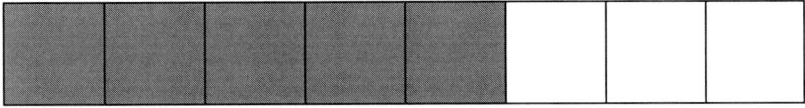

2. A continuación, sombrea la parte correspondiente al tramo que descendió hasta que se abrió el paracaídas de emergencia. Para ello, como se trata de la fracción 2/5, hay que dividir cada cuadrado sin sombrear del dibujo anterior en cinco rectangulitos iguales y sombrear dos de ellos en cada cuadrado (seis en total).

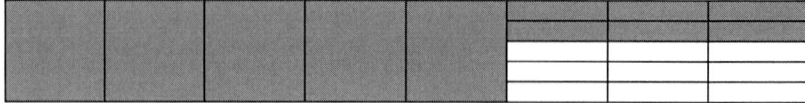

3. ¿Con qué se corresponde la parte del dibujo que queda sin sombrear? ¿Cuántos metros representa?

Se corresponde con lo que le quedaba por descender cuando se abrió el paracaídas de emergencia, es decir, con la altura a la que estaba en ese momento, que era de 396 m.

4. ¿Cuántos rectangulitos sin sombrear han quedado en el dibujo?

Han quedado nueve rectangulitos sin sombrear.

5. Entonces, ¿cuántos metros representa cada rectangulito? Explica la respuesta.

Como la parte sin sombrear se corresponde con 396 m y está formada por nueve rectangulitos, cada uno de ellos representa 44 m, ya que 396 / 9 = 44.

6. Si se dividiera el rectángulo inicial en rectangulitos de este tamaño, ¿cuántos habría? ¿Por qué?

Habría 40 rectangulitos, porque el rectángulo inicial tiene ocho cuadrados, en cada uno de los cuales habría cinco rectangulitos: 8 · 5 = 40

7. En consecuencia, ¿cuántos metros representa el rectángulo inicial? Explica la respuesta.

Puesto que cada rectangulito representa 44 m y el rectángulo inicial contiene 40 de ellos, este rectángulo se corresponde con 1760 m, ya que 44 · 40 = 1760.

8. Como es lógico, el resultado coincide con el obtenido antes, cuando se resolvió el problema usando el lenguaje algebraico y las ecuaciones. ¿Qué método te ha parecido más fácil?

Respuesta abierta.

➢ Calcula la superficie de una corona circular, sabiendo que la cuerda tangente mide 16 cm.

1. ¿Qué es la cuerda tangente de una corona circular?

Es un segmento tangente al círculo interior que, a su vez, es una cuerda del círculo exterior.

2. Dibuja una corona circular y traza una cuerda tangente. Representa los radios de los dos círculos concéntricos que constituyen la corona, de manera que la semicuerda tangente y ambos radios formen un triángulo rectángulo. Elige dos letras para nombrar los radios y determina la longitud de la semicuerda tangente. Coloca el resultado en un lugar adecuado del dibujo.

La semicuerda tangente mide 8 cm, ya que es la mitad de la cuerda tangente, que mide 16 cm, según el enunciado.

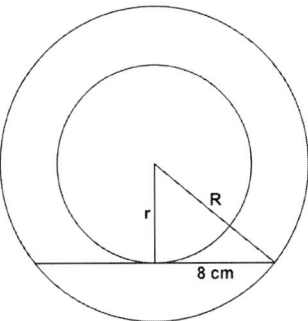

3. ¿Cómo se puede calcular la superficie de la corona circular? Deduce la fórmula correspondiente y extrae el número π como factor común.

Se puede calcular restando las superficies de los dos círculos que la forman. Por tanto, la fórmula es:

$$A = \pi R^2 - \pi r^2$$

Extrayendo el número π como factor común, queda:

$$A = \pi(R^2 - r^2)$$

4. Entonces, ¿qué se necesita conocer para poder calcular la superficie pedida?

Se necesita conocer la diferencia de los cuadrados de los radios de los dos círculos que forman la corona: $R^2 - r^2$

5. Aplica el teorema de Pitágoras al triángulo rectángulo formado por los radios y la semicuerda tangente. Deja en el segundo miembro el dato conocido.

$$R^2 = r^2 + 8^2 \rightarrow R^2 - r^2 = 64$$

6. Observa la expresión del primer miembro de la igualdad anterior. ¿Qué relación tiene con la respuesta a la cuestión 4?

El primer miembro es precisamente lo que se necesita conocer para poder calcular la superficie de la corona circular.

7. Entonces, ¿se puede hallar la superficie pedida? En caso afirmativo, calcúlala, utilizando el número 3,14 como aproximación de π; en caso contrario, indica qué dato hace falta y calcúlalo.

Sí que se puede hallar la superficie pedida, pues se conoce precisamente el dato necesario:

$$A = \pi(R^2 - r^2) = 3,14 \cdot 64 = 200,96 \ cm^2$$

8. Responde a la cuestión planteada.

La superficie de la corona circular es de 200,96 cm².

➤ Jaime ha comprado un cubo de madera que estaba sin pintar y ha coloreado las seis caras de rojo. Después, sin desmontar el cubo, lo ha recortado con una sierra, formando 27 cubitos iguales. ¿Cuántos de estos cubitos han quedado sin colorear? ¿Cuántos han quedado con una cara coloreada? ¿Y con dos? ¿Y con tres? ¿Y con más de tres?

1. ¿Cómo se puede recortar un cubo para que quede dividido en 27 cubitos iguales? Haz un dibujo que permita ver la situación.

Tendría que haber tres cubitos en cada arista, para lo cual habría que recortar cada cara en nueve cuadrados iguales.

2. ¿Recuerda el cubo recortado a algún juego? ¿Cuál?

Recuerda al cubo de Rubik.

3. ¿Qué tiene que pasarle a un cubito para que no tenga ninguna cara coloreada?

Debe tener todas sus caras en el interior del cubo original.

4. Entonces, ¿cuántos cubitos han quedado sin colorear? Ayúdate del dibujo o del juego comentado en la cuestión 2 para responder a esta pregunta.

Ha quedado solo un cubito sin colorear: el central.

5. ¿Qué tiene que ocurrirle a un cubito para que solo tenga una cara coloreada?

Ha de tener todas sus caras en el interior del cubo original, excepto una, que es la que queda coloreada.

6. Entonces, ¿en qué posición debe estar un cubito para que solo tenga una cara coloreada?

Tiene que estar en el centro de una cara del cubo original.

7. En consecuencia, ¿cuántos cubitos han quedado con una cara coloreada? ¿Por qué?

Han quedado seis cubitos con una cara coloreada, porque hay uno en cada cara del cubo original, y este tiene seis caras.

8. Observa de nuevo el dibujo de la cuestión 1 (o el juego indicado en la cuestión 2). ¿Qué posición debe ocupar un cubito para que tenga dos caras coloreadas?

Tiene que estar en una arista del cubo original, pero no en la esquina.

9. Entonces, ¿cuántos cubitos han quedado con dos caras coloreadas? ¿Por qué? Observa bien el dibujo (o el juego) para hacer el recuento.

Han quedado 12 cubitos con dos caras coloreadas, porque hay uno en cada arista del cubo original, y este tiene 12 aristas.

10. ¿Qué posición debe ocupar un cubito en el cubo original para que tenga tres caras coloreadas?

Tiene que estar en una esquina.

11. Entonces, ¿cuántos cubitos han quedado con tres caras coloreadas?

Han quedado ocho cubitos con tres caras coloreadas.

12. ¿En qué posición debe estar un cubito para que tenga más de tres caras coloreadas?

Debería tener más de tres caras hacia el exterior del cubo original, lo cual no es posible.

13. Entonces, ¿cuántos cubitos han quedado con más de tres caras coloreadas?

Ninguno.

14. Comprueba que los resultados obtenidos tienen sentido.

Para comprobar que los resultados obtenidos tienen sentido, sumamos el número de cubitos de cada tipo: 1 + 6 + 12 + 8 = 27, que es el número total de cubitos. Así pues, el resultado tiene sentido.

15. Responde a las preguntas planteadas.

Ha quedado un cubito sin colorear, seis con una cara coloreada, 12 con dos caras, ocho con tres caras y ninguno con más de tres caras.

➢ Lydia también ha comprado un cubo de madera, como el de Jaime. Asimismo, ha coloreado las seis caras de rojo. En cambio, lo ha recortado formando 64 cubitos iguales, en lugar de 27. ¿Cuántos cubitos de cada tipo ha formado?

1. Haz un dibujo que permita ver la situación con más claridad.

2. Determina el número de cubitos que quedan sin colorear. Fíjate bien en el dibujo y no te dejes engañar por las apariencias.

   Hay ocho cubitos centrales (¡no cuatro!), formando un cubo de $2 \times 2 \times 2$ cubitos. Por tanto, son ocho los cubitos que quedan sin colorear.

3. Halla la cantidad de cubitos que quedan con una cara coloreada. Argumenta la respuesta.

   En cada cara del cubo original hay cuatro cubitos con una cara coloreada (los cuatro cubitos que no están en el borde de la cara). Por tanto, en total hay 24 cubitos, ya que $6 \cdot 4 = 24$.

4. ¿Cuántos cubitos quedan con dos caras coloreadas? Justifica la respuesta.

   En cada arista del cubo original hay dos cubitos con dos caras coloreadas. Como el cubo original tiene 12 aristas, en total, hay 24 cubitos, pues $12 \cdot 2 = 24$.

5. ¿Cuántos cubitos se forman que tengan tres caras coloreadas? Razona la respuesta.

   Con tres caras coloreadas solo están los ocho cubitos de las esquinas del cubo original.

6. Calcula el número de cubitos que hay con más de tres caras coloreadas.

   Como sucedía con el cubo de Jaime, recortado formando 27 cubitos, no hay cubitos con más de tres caras coloreadas.

7. Comprueba que los resultados obtenidos tienen sentido.

   Para comprobarlo, sumamos el número de cubitos de cada tipo: $8 + 24 + 24 + 8 = 64$. Como esta suma coincide con el número total de cubitos, el resultado tiene sentido.

8. Responde a la pregunta.

   Han quedado ocho cubitos sin colorear, 24 con una cara coloreada, otros 24 con dos caras, ocho con tres caras y ninguno con más de tres caras.

➢ Llevado por la emoción, Jaime ha comprado otro cubo y, después de colorear sus seis caras de rojo, lo ha recortado formando 125 cubitos iguales. ¿Cuántos cubitos de cada tipo ha formado?

1. Haz un dibujo que permita ver la situación con más claridad.

2. Para determinar el número de cubitos que quedan sin colorear, imagina que se le quita la «capa de cubitos de fuera» al cubo original, como si se le quitara «la corteza». ¿Qué dimensiones tiene el cubo que queda? ¿Cuántos cubitos lo forman?

Las dimensiones del cubo que queda son 3 × 3 × 3. Así pues, está formado por 27 cubitos.

3. ¿Cuántos cubitos con una cara coloreada hay en cada cara del cubo original? Entonces, ¿cuántos cubitos con una cara coloreada se forman?

En cada cara hay nueve cubitos con una cara coloreada. Por tanto, en total hay 54 cubitos, pues 9 · 6 = 54.

4. ¿Cuántos cubitos con dos caras coloreadas hay en cada arista del cubo original? Entonces, ¿cuántos cubitos hay con dos caras coloreadas?

En cada arista hay tres cubitos con dos caras coloreadas. Entonces, en total hay 36 cubitos, ya que 3 · 12 = 36.

5. ¿Cuántos cubitos hay con tres caras coloreadas? ¿Y con más de tres?

Hay ocho cubitos con tres caras coloreadas (los de las esquinas del cubo original) y ninguno con más de tres (ocurre lo mismo que en los casos anteriores).

6. Comprueba que los resultados obtenidos tienen sentido.

La suma 27 + 54 + 36 + 8 = 125 coincide con el número total de cubitos, por lo que los resultados tienen sentido.

7. Responde a la pregunta planteada.

Se forman 27 cubitos sin colorear, 54 con una cara coloreada, 36 con dos caras, ocho con tres caras y ninguno con más de tres caras.

> Después de ver los resultados obtenidos, Jaime y Lydia pensaron en generalizar el problema: si en lugar de recortar el cubo formando 27 cubitos (que es igual a 3^3), 64 cubitos (que coincide con 4^3) o 125 cubitos (que es 5^3), lo hicieran de modo que se formaran n^3 cubitos, siendo n un número natural, ¿cuántos cubitos de cada tipo habría, dependiendo del valor de n?

1. Como antes, para hallar la cantidad de cubitos que quedarían sin colorear, imagina que se le quitara la «capa de cubitos de fuera» al cubo original, de dimensiones $n \times n \times n$, como si se le quitara «la corteza». ¿Qué dimensiones tendría el cubo que quedaría? ¿Cuántos cubitos lo formarían?

   Las dimensiones del cubo serían $(n - 2) \times (n - 2) \times (n - 2)$. Por tanto, estaría formado por $(n - 2)^3$ cubitos, que serían los que quedarían sin colorear.

2. Imagina que, en una cara del cubo original, se quitaran los cubitos que forman el borde (que son las aristas del cubo original). ¿Cuántos cubitos quedarían en esa cara? ¿Por qué?

   Quedarían $(n - 2)^2$ cubitos, porque los cubitos que quedaran formarían un cuadrado de dimensiones $(n - 2) \times (n - 2)$.

3. Entonces, ¿cuántos cubitos con una cara coloreada habría en cada cara del cubo original? ¿Y en el cubo completo?

   En cada cara del cubo original habría $(n - 2)^2$ cubitos con una cara coloreada. Por tanto, en el cubo completo habría $6(n - 2)^2$.

4. Imagina que, en una arista del cubo original, se quitaran los dos cubitos de las esquinas. ¿Cuántos cubitos quedarían en la arista?

   Quedarían $n - 2$ cubitos.

5. Entonces, ¿cuántos cubitos con dos caras coloreadas habría en cada arista del cubo original? ¿Y en el cubo completo?

   En cada arista del cubo original habría $n - 2$ cubitos con dos caras coloreadas. Por tanto, en el cubo completo habría $12(n - 2)$.

6. ¿Cuántos cubitos habría con tres caras coloreadas? ¿Y con más de tres?

Habría ocho cubitos con tres caras coloreadas (los de las esquinas, nuevamente) y ninguno con más de tres.

7. Comprueba que los resultados obtenidos tienen sentido.

Para comprobarlo, hemos de efectuar la suma $(n-2)^3 + 6(n-2)^2 + 12(n-2) + 8$ y ver si coincide con el número total de cubitos, n^3. Realizando las operaciones, tenemos:

$$(n-2)^3 + 6(n-2)^2 + 12(n-2) + 8 =$$

$$n^3 - 6n^2 + 12n - 8 + 6(n^2 - 4n + 4) + 12n - 24 + 8 =$$

$$n^3 - 6n^2 + 24n + 6n^2 - 24n + 24 - 24 = n^3$$

Así pues, los resultados tienen sentido.

8. Responde a la pregunta planteada.

Se formarían $(n-2)^3$ cubitos sin colorear, $6(n-2)^2$ cubitos con una cara coloreada, $12(n-2)$ con dos caras, ocho con tres caras y ninguno con más de tres caras.

9. Comprueba que el resultado general coincide con los anteriores, cuando se toma $n = 3$, $n = 4$ y $n = 5$, respectivamente.

Para $n = 3$, el número de cubitos de cada tipo es:

— Sin pintar: $(3-2)^3 = 1^3 = 1$

— Con una cara pintada: $6(3-2)^2 = 6 \cdot 1^2 = 6$

— Con dos caras pintadas: $12(3-2) = 12 \cdot 1 = 12$

— Con tres caras pintadas: 8

Para $n = 4$, resulta:

— Sin pintar: $(4-2)^3 = 2^3 = 8$

— Con una cara pintada: $6(4-2)^2 = 6 \cdot 2^2 = 24$

— Con dos caras pintadas: $12(4-2) = 12 \cdot 2 = 24$

— Con tres caras pintadas: 8

Para n = 5, queda:

— Sin pintar: $(5 - 2)^3 = 3^3 = 27$

— Con una cara pintada: $6(5 - 2)^2 = 6 \cdot 3^2 = 54$

— Con dos caras pintadas: $12(5 - 2) = 12 \cdot 3 = 36$

— Con tres caras pintadas: 8

Efectivamente, los resultados coinciden con los obtenidos anteriormente.

➢ Una editorial tiene previsto lanzar al mercado una novela. Después de realizar un estudio, ha llegado a la conclusión de que, si el precio de venta fuera de 25 €, se venderían 14 000 ejemplares durante el primer año y que, por cada 50 céntimos que se rebaje el precio, se venderán 1000 ejemplares más en el mismo periodo. ¿Cuál debe ser el precio de venta para conseguir los mayores ingresos posibles durante el primer año? ¿A cuánto ascienden dichos ingresos?

1. ¿Cuáles serían los ingresos del primer año si el precio de venta fuera de 25 €?

   Para calcular los ingresos del primer año, multiplicamos el precio de cada ejemplar por el número de ejemplares vendidos: $25 \cdot 14\,000 = 350\,000$ €

2. ¿Y si se hiciera una rebaja de 50 céntimos? Razona la respuesta.

   Si se hiciera una rebaja de 50 céntimos, el precio de venta sería de 24,50 € y se venderían $14\,000 + 1000 = 15\,000$ ejemplares. Por tanto, los ingresos serían: $24,50 \cdot 15\,000 = 367\,500$ €

3. ¿Y si se hicieran dos rebajas de 50 céntimos? Explica la respuesta.

   Si se hicieran dos rebajas de 50 céntimos, el precio de la novela sería de 24 € y se venderían $14\,000 + 2 \cdot 1000 = 16\,000$ ejemplares. Entonces, los ingresos serían: $24 \cdot 16\,000 = 384\,000$ €

4. ¿Y si se hicieran tres?

   En tal caso, el precio sería de 23,50 € y se venderían $14\,000 + 3 \cdot 1000 = 17\,000$ ejemplares, por lo que los ingresos serían: $23,50 \cdot 17\,000 = 399\,500$ €

5. En general, si llamamos *x* al número de veces que se rebajan 50 céntimos al precio inicial de 25 €, ¿qué expresión algebraica permite escribir el precio de cada ejemplar, dependiendo de *x*?

La expresión: 25 – 0,50x

6. ¿Y qué expresión algebraica permite indicar el número de ejemplares vendidos durante el primer año, dependiendo también de *x*?

La expresión: 14 000 + 1000x

7. Entonces, ¿cuál es la expresión algebraica que permite determinar los ingresos del primer año, según los valores de *x*? ¿Por qué?

La expresión (25 – 0,50x) · (14 000 + 1000x), porque es el resultado de multiplicar el precio de cada ejemplar por el número de ejemplares vendidos durante el primer año.

8. Simplifica la expresión obtenida en la cuestión anterior, realizando paso a paso las operaciones necesarias, y ordena el polinomio resultante.

$(25 – 0,50x) \cdot (14\ 000 + 1000x) = 350\ 000 + 25\ 000x – 7000x – 500x^2 =$
$= –500x^2 + 18\ 000x + 350\ 000$

9. De este modo, si llamamos *f(x)* a la función que expresa los ingresos del primer año, dependiendo del número de veces que se rebajen 50 céntimos al precio inicial de 25 €, ¿cuál es la expresión algebraica de *f(x)*?

La expresión: f(x) = –500x² + 18 000x + 350 000

10. ¿Qué tipo de función es? ¿Por qué? ¿Qué forma tiene su gráfica?

Es una función cuadrática, porque viene expresada por un polinomio de segundo grado. Su gráfica es una parábola.

11. Observa el coeficiente principal de la expresión algebraica de la función. ¿Qué signo tiene? ¿Qué conclusión se puede sacar?

Tiene signo negativo. Por tanto, la parábola es abierta hacia abajo, es decir, tiene forma de «monte».

12. Entonces, ¿con qué punto de la gráfica coincide el máximo de la función?

El máximo de la función coincide con el vértice.

13. Calcula paso a paso el valor de la abscisa de este punto.

La abscisa del vértice se calcula con la fórmula:

$$V_x = \frac{-b}{2a} = \frac{-18\,000}{2 \cdot (-500)} = \frac{-18\,000}{-1000} = 18$$

14. ¿Qué significa el resultado obtenido?

Significa que, para obtener los mayores ingresos posibles, hay que rebajar 50 céntimos el precio inicial de la novela un total de 18 veces.

15. Calcula razonadamente el precio óptimo, es decir, el precio de venta que permite conseguir los mayores ingresos posibles.

Como hay que rebajar 50 céntimos el precio inicial un total de 18 veces, el precio óptimo es:

$$25 - 0{,}5 \cdot 18 = 25 - 9 = 16 \, €$$

16. Responde a la primera pregunta planteada en el enunciado.

Para conseguir los mayores ingresos posibles durante el primer año, el precio de venta debe ser de 16 €.

17. Calcula los ingresos correspondientes a este precio de venta.

Los ingresos son:

$$f(18) = -500 \cdot 18^2 + 18\,000 \cdot 18 + 350\,000 =$$

$$= -162\,000 + 324\,000 + 350\,000 = 512\,000 \, €$$

18. Responde a la segunda pregunta del enunciado.

Los mayores ingresos posibles durante el primer año ascienden a 512 000 €.

19. Imagina que el máximo de la función se hubiera alcanzado en un valor decimal de la variable independiente. ¿Tendría sentido? ¿Por qué?

No tendría sentido, porque la variable independiente indica el número de veces que se descuentan 50 céntimos al precio inicial. Así pues, solo es posible asignar valores naturales a esta variable, puesto que no se puede realizar una cantidad inexacta de descuentos.

➢ Fernando quiere vallar una parcela rectangular, aprovechando un muro recto ya existente, como se muestra en el dibujo. Para ello, dispone de 120 m de valla. ¿Qué dimensiones debe tener la parcela para que tenga la mayor superficie posible? ¿Cuál es el valor de dicha superficie?

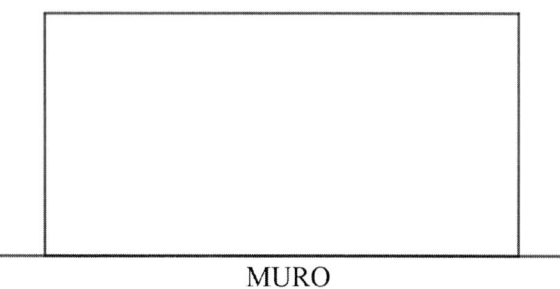

MURO

1. La longitud de cada uno de los lados perpendiculares al muro se denota por x. Teniendo en cuenta que la valla mide 120 m, ¿cómo se puede expresar la longitud del lado paralelo al muro, dependiendo de x? Razona la respuesta.

   Como la suma de los tres lados debe ser igual a 120 y dos de ellos miden x, la longitud del tercero debe ser 120 – 2x.

2. Escribe la expresión algebraica correspondiente a la longitud de cada lado de la parcela en un lugar adecuado del dibujo.

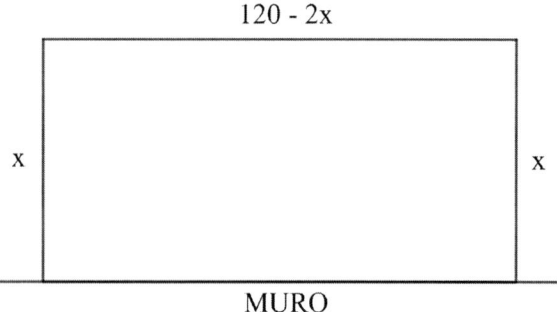

120 - 2x

x   x

MURO

3. ¿Cuál es la expresión algebraica que permite calcular la superficie de la parcela, dependiendo de x? ¿Por qué?

   La expresión x(120 – 2x), porque la superficie de un rectángulo es el resultado de multiplicar la base por la altura.

4. Escribe la expresión obtenida en la cuestión anterior como un polinomio ordenado.

$$x(120 - 2x) = -2x^2 + 120x$$

5. Así pues, si llamamos $f(x)$ a la función que permite indicar la superficie de la parcela, dependiendo del valor de x, ¿cuál es la expresión algebraica de $f(x)$?

La expresión: $f(x) = -2x^2 + 120x$

6. ¿Qué tipo de función es? ¿Por qué? ¿Qué forma tiene su gráfica, teniendo en cuenta el signo del coeficiente principal?

Es una función cuadrática, porque viene expresada por un polinomio de segundo grado. Su gráfica es una parábola abierta hacia abajo (con forma de «monte»), pues el coeficiente principal es negativo.

7. Entonces, ¿con qué punto de la gráfica coincide el máximo de la función?

El máximo de la función coincide con el vértice.

8. Calcula el valor de la abscisa de este punto.

La abscisa del vértice se calcula con la fórmula:

$$V_x = \frac{-b}{2a} = \frac{-120}{2 \cdot (-2)} = \frac{-120}{-4} = 30$$

9. ¿Qué significa el resultado obtenido?

Significa que, para que la parcela tenga la mayor superficie posible, los lados perpendiculares al muro deben medir 30 m cada uno.

10. ¿Cuáles son las dimensiones que hacen que la superficie sea lo mayor posible?

Solo falta calcular la longitud del lado paralelo al muro:

$$120 - 2x = 120 - 2 \cdot 30 = 120 - 60 = 60$$

11. Responde a la primera pregunta planteada en el enunciado.

Para que tenga la mayor superficie posible, la parcela debe medir 60 m de largo y 30 m de ancho.

12. Calcula la superficie de la parcela que tiene las dimensiones indicadas en la cuestión anterior.

La superficie es:

$$f(30) = -2 \cdot 30^2 + 120 \cdot 30 = -2 \cdot 900 + 3600 = -1800 + 3600 = 1800 \text{ m}^2$$

13. Responde a la segunda pregunta del enunciado.

La mayor superficie posible de la parcela es de 1800 m².

14. Imagina que el máximo de la función se hubiera alcanzado en un valor decimal de la variable independiente. ¿Tendría sentido? ¿Por qué?

Sí que tendría sentido, porque es posible considerar una cantidad inexacta de metros.

➢ Los pueblos *A*, *B* y *C* son los vértices de un triángulo rectángulo, con el ángulo recto en *B*. Hay una carretera recta de 25 km que une *A* y *B* y otra carretera, también recta, que conecta *B* y *C*, con una longitud de 60 km, pero no hay ninguna para ir directamente de *A* a *C*. Rosendo quiere ir en su todoterreno de *A* a *C*, sin pasar por *B*, realizando parte del trayecto campo a través para ahorrar tiempo. Cuando se desplaza por la carretera, Rosendo va a una velocidad de 70 km/h y, cuando lo hace por el campo, a 40 km/h. Determina la expresión algebraica de la función que mide el tiempo empleado por Rosendo en ir de *A* a *C*, dependiendo de la distancia de *B* a *P*, siendo *P* el punto de la carretera que une *B* y *C* en el que se incorpora.

1. Realiza un dibujo que describa la situación de los pueblos y las carreteras, incluyendo los datos del enunciado. Señala un punto de la carretera que une *B* y *C* para situar el lugar donde Rosendo se incorpora a ella, después de realizar el trayecto campo a través, partiendo de *A*. Este es el punto *P* descrito en el enunciado. Así pues, el recorrido de Rosendo tiene dos partes: de *A* a *P*, por el campo, y de *P* a *C*, por la carretera.

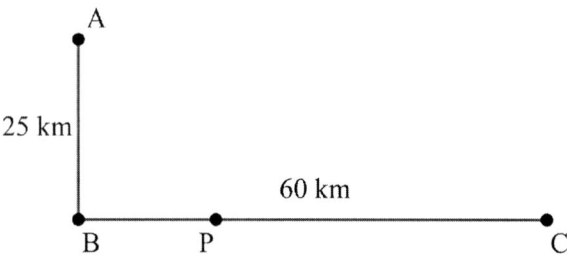

2. Para llegar de *A* a *P* en el menor tiempo posible, ¿cómo debe ser el trayecto recorrido campo a través? Represéntalo en el dibujo anterior.

Debe ser en línea recta.

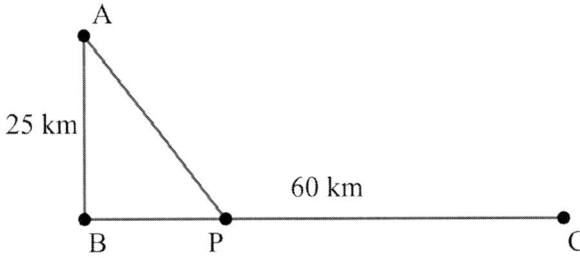

3. Llamamos *x* a la distancia de *B* a *P* y $d_1(x)$ a la distancia recorrida campo a través, dependiendo de *x*. Observa el dibujo y determina su expresión algebraica.

Aplicando el teorema de Pitágoras, tenemos:

$$d_1(x)^2 = 25^2 + x^2 \rightarrow d_1(x)^2 = 625 + x^2 \rightarrow d_1(x) = \pm\sqrt{625 + x^2}$$

Descartando la solución negativa, por ser una distancia, resulta:

$$d_1(x) = \sqrt{625 + x^2}$$

4. ¿Cuál es la fórmula que relaciona el tiempo con la distancia recorrida y la velocidad, cuando esta es constante?

La fórmula: $t = \dfrac{e}{v}$

5. Entonces, ¿cómo se puede expresar el tiempo que invierte Rosendo en realizar el trayecto campo a través, dependiendo de *x*?

Se expresa por la fórmula: $\dfrac{\sqrt{625 + x^2}}{40}$

6. De manera similar, llamamos $d_2(x)$ a la distancia recorrida por carretera desde *P* hasta *C*, dependiendo de *x*. Observa el dibujo y halla su expresión algebraica.

Se obtiene la expresión: $d_2(x) = 60 - x$

7. Entonces, ¿cómo se puede expresar el tiempo que tarda Rosendo en realizar el trayecto por carretera, dependiendo de x?

Mediante la fórmula: $\dfrac{60 - x}{70}$

8. Llamamos $f(x)$ a la función que mide el tiempo invertido por Rosendo en ir de A a C, dependiendo de x. ¿Cuál es su expresión algebraica? ¿Por qué?

Su expresión algebraica es:

$$f(x) = \frac{\sqrt{625 + x^2}}{40} + \frac{60 - x}{70}$$

Es así porque el tiempo invertido en ir de A a C es la suma de los tiempos empleados en ir de A a P y de P a C.

9. Responde a la cuestión planteada en el enunciado.

La expresión algebraica de la función que mide el tiempo empleado por Rosendo en ir de A a C, dependiendo de la distancia de B a P, es:

$$f(x) = \frac{\sqrt{625 + x^2}}{40} + \frac{60 - x}{70}$$

➤ Se inscribe un círculo en un cuadrado de lado x. Obtén razonadamente la expresión algebraica de la función que mide el área de la superficie comprendida entre ambas figuras, dependiendo de x, y represéntala gráficamente.

1. ¿Qué relación existe entre el lado del cuadrado y el diámetro del círculo?

Como el círculo está inscrito en el cuadrado, su diámetro coincide con el lado del cuadrado.

2. Entonces, ¿cómo se puede expresar el radio del círculo, dependiendo de x?

Como el diámetro del círculo coincide con el lado del cuadrado, que es x, y el radio es igual a la mitad del diámetro, resulta que el radio es r = x/2.

3. Escribe la expresión del área del cuadrado y del área del círculo, dependiendo de x. Argumenta la respuesta.

   Como el área de un cuadrado es igual al cuadrado del lado, tenemos:

   $$A_{CUADRADO} = x^2$$

   En cuanto al círculo, aplicando la fórmula correspondiente, resulta:

   $$A_{CÍRCULO} = \pi \cdot r^2 = \pi \cdot \left(\frac{x}{2}\right)^2 = \frac{\pi x^2}{4}$$

4. Entonces, ¿cuál es la expresión algebraica de la función que mide el área de la superficie comprendida entre ambas figuras?

   La expresión del área de la superficie comprendida entre ambas figuras se obtiene restando el área del cuadrado y el área del círculo, teniendo en cuenta que, como el círculo está inscrito en el cuadrado, el área de este es mayor. Así, la función pedida es:

   $$f(x) = x^2 - \frac{\pi x^2}{4} = \frac{4x^2 - \pi x^2}{4} = \frac{4 - \pi}{4} x^2$$

5. ¿De qué tipo de función se trata?

   Se trata de una función cuadrática.

6. Entonces, ¿qué forma tiene su gráfica?

   Tiene forma de parábola abierta hacia arriba (con forma de «copa»), ya que el coeficiente principal es positivo, al ser $4 > \pi$.

7. ¿Cuál es el dominio de la función? Argumenta la respuesta.

   Como x representa el lado de un cuadrado, solo puede tomar valores positivos, así que el dominio de la función es $(0, +\infty)$.

8. Determina las coordenadas del vértice y las de dos puntos de la gráfica de la función.

   Como la función cuadrática no tiene el término en x, la abscisa del vértice es $V_x = 0$. Asimismo, como la función tampoco tiene término independiente, la ordenada en el origen es nula. Así pues, las coordenadas del vértice son $(0, 0)$.

Para obtener dos puntos de la gráfica, evaluamos la función en dos abscisas distintas, próximas al vértice; por ejemplo, en x = 1 y x = 2:

$$f(1) = \frac{4-\pi}{4} \cdot 1^2 = 0,21$$

$$f(2) = \frac{4-\pi}{4} \cdot 2^2 = 0,86$$

Así, tenemos los puntos (1, 0,21) y (2, 0,86).

9. ¿Pasa por el vértice la gráfica de la función? Justifica la respuesta.

   Como el dominio de la función es (0, +∞), donde no está incluida la abscisa x = 0, resulta que la gráfica de la función no pasa por el origen (que coincide con el vértice).

10. Representa gráficamente la función, teniendo en cuenta toda la información obtenida en los apartados anteriores.

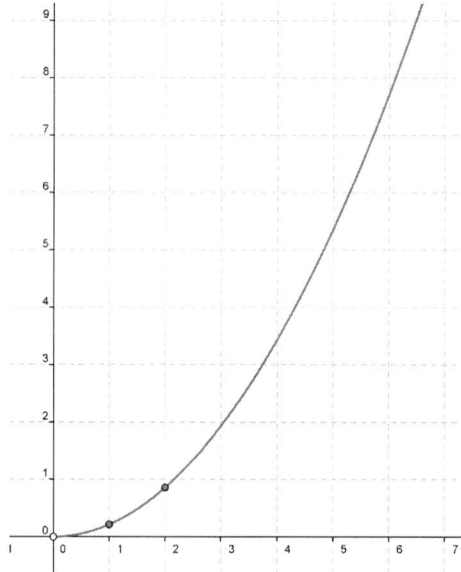

> Aída y Florencia juegan a un juego que consiste en tirar dos dados y sumar las puntuaciones obtenidas en ambos. Aída gana si el resultado de la suma es 5 y Florencia, si es 10. ¿Qué probabilidad tiene cada una de ganar? ¿Y si Aída apostara por el 6 y Florencia por el 7?

1. Completa esta tabla de doble entrada con el resultado de la suma, dependiendo de las puntuaciones obtenidas en cada dado.

	1	2	3	4	5	6
1	2	3	4	5	6	7
2	3	4	5	6	7	8
3	4	5	6	7	8	9
4	5	6	7	8	9	10
5	6	7	8	9	10	11
6	7	8	9	10	11	12

2. ¿Cuántos casos posibles hay?

Hay 36 casos posibles.

3. ¿Cuál es el número de casos favorables a la obtención de un 5 al sumar las puntuaciones de los dos dados? ¿Cuáles son estos casos?

Hay cuatro casos favorables, que son: (1, 4), (2, 3), (3, 2) y (4, 1)

4. ¿Y el número de casos favorables a la obtención de un 10? ¿Cuáles son?

Hay tres casos favorables, que son: (4, 6), (5, 5) y (6, 4)

5. Entonces, ¿cuál es la probabilidad de que la suma sea 5? ¿Y la de que sea 10? Razona la respuesta.

Como hay cuatro casos favorables a que la suma sea 5 y 36 posibles, por la regla de Laplace, resulta:

$$P(Suma\ igual\ a\ 5) = \frac{4}{36} = \frac{1}{9} = 0,1111$$

Asimismo, puesto que hay tres casos favorables a que la suma sea 10, aplicando de nuevo la regla de Laplace, tenemos:

$$P(Suma\ igual\ a\ 10) = \frac{3}{36} = \frac{1}{12} = 0,083$$

6. Responde a la primera pregunta formulada en el enunciado.

La probabilidad de que gane Aída es 0,1111 y la de que gane Florencia, 0,083.

7. Calcula razonadamente las probabilidades necesarias para responder a la segunda pregunta.

Hay cinco casos favorables a la obtención de un 6 y seis favorables a que la suma sea 7. Por tanto, usando la regla de Laplace, resulta que las probabilidades pedidas son:

$$P\left(Suma\ igual\ a\ 6\right) = \frac{5}{36} = 0,1389$$

$$P\left(Suma\ igual\ a\ 7\right) = \frac{6}{36} = \frac{1}{6} = 0,1667$$

8. Responde a la segunda pregunta.

Si Aída apostara por el 6 y Florencia por el 7, sus respectivas probabilidades de ganar serían de 0,1389 y 0,1667

9. Imagina que, en lugar de la tabla de doble entrada, se hubiera considerado el espacio muestral $\Omega = \{2, 3, 4, 5, 6, 7, 8, 9, 10, 11, 12\}$, que recoge todos los posibles resultados de la suma de las puntuaciones de los dos dados. ¿Sería adecuado para resolver el problema? ¿Por qué?

No sería adecuado, porque los sucesos elementales no tendrían la misma probabilidad de ocurrir y, en consecuencia, no podríamos aplicar la regla de Laplace.

25. Darío y Vanesa juegan con una baraja española que incluye las cartas numeradas con 8 y 9 al «Juego del 12». Este juego consiste en lo siguiente:

En primer lugar, Darío saca una carta al azar. Si es un rey, gana la partida y el juego termina; si no es un rey, la coloca boca arriba y, a continuación, Vanesa elige una carta al azar. Si la carta de Vanesa es un rey o si la suma del número de esta carta y el de la que está boca arriba es igual a 12, Vanesa gana y acaba la partida; si no, la deja boca arriba, junto a la otra. Entonces, Darío elige una carta al azar. Si es un rey o si la suma del número de su carta y el de alguna de las dos que están descubiertas es igual a 12, gana la partida Darío; si no, deja la carta boca arriba, junto a las otras dos, y Vanesa saca una carta al azar. Si la carta es un rey o si la suma del número de esta carta y el de alguna de las tres que están descubiertas es igual a 12, gana; si no, la deja boca arriba y Darío vuelve a sacar una carta al azar. El juego continúa así, sucesivamente, hasta que alguno de los dos saque un rey o una carta que tenga un número tal que, sumado con el de alguna de las cartas descubiertas, sea igual a 12.

Responde a las cuestiones que se plantean a continuación, relacionadas con el «Juego del 12».

1. Calcula razonadamente la probabilidad de que Darío gane al extraer la primera carta.

   Como la baraja tiene 48 cartas (del 1 al 12, de los cuatro palos) y hay cuatro reyes, la probabilidad de que Darío gane al extraer la primera carta es:

   $$\frac{4}{48} = \frac{1}{12} = 0,0833$$

2. Cuando Vanesa va a sacar su primera carta, Darío ya ha colocado una boca arriba. ¿Qué carta puede ser? ¿Por qué? ¿Cuántas cartas quedan en la baraja en ese momento?

   Puede ser cualquiera, excepto un rey, porque si Darío hubiera sacado un rey, habría ganado y la partida habría terminado, así que no le habría llegado el turno a Vanesa. En ese momento, quedan 47 cartas en la baraja.

3. Imagina que la primera carta extraída por Darío fuera un 5. ¿Qué carta necesitaría sacar Vanesa para ganar en su primer turno? ¿Por qué?

   Necesitaría sacar un rey o un 7, porque es el número que da 12 al sumarlo con 5.

4. Entonces, ¿cuántas cartas le resultarían favorables para ganar? ¿Por qué?

   Le resultarían favorables ocho cartas, porque en la baraja hay un rey y un 7 de cada palo.

5. En tal caso, ¿cuál sería la probabilidad de que Vanesa ganara en su primer turno? Razona la respuesta.

   En tal caso, dado que habría ocho cartas favorables y 47 posibles, la probabilidad de que Vanesa ganara en su primer turno sería:

   $$\frac{8}{47} = 0,1702$$

6. ¿Y si la primera carta extraída por Darío hubiera sido un 2? ¿Cuál sería la probabilidad de que Vanesa ganara en su primer turno? Argumenta la respuesta.

En este caso, Vanesa necesitaría sacar un rey o una sota (el número 10, que es el que da 12 al sumarlo con 2). Como en esta situación también habría ocho casos favorables y 47 posibles, la probabilidad de que Vanesa ganara en su primer turno también sería:

$$\frac{8}{47} = 0{,}1702$$

7. Compara las respuestas a las cuestiones 5 y 6. ¿Qué sucede?

Sucede que las probabilidades son iguales.

8. ¿Ocurrirá lo mismo con cualquier carta que Darío saque en su primera extracción (que no sea un rey)? ¿O hay alguna que haga cambiar este resultado? Explica la respuesta.

No ocurre lo mismo con todas las cartas. Si la primera carta extraída por Darío fuera un 6, la situación sería distinta: en tal caso, en la baraja quedarían tres cartas numeradas con el 6 (el número que da 12 al sumarlo con el 6 de la carta descubierta), además de los cuatro reyes. Entonces, la probabilidad de que Vanesa ganara en su primer turno sería:

$$\frac{7}{47} = 0{,}1489$$

9. Cuando Darío comienza la partida, desea sacar un rey para así ganar directamente. Pero, si no es un rey, ¿qué otra carta prefiere? ¿Por qué?

Aparte del rey, la carta que más le conviene a Darío es un 6, porque así la probabilidad de que Vanesa gane en su primer turno es más baja.

10. Imagina que, en un momento de la partida, estuvieran sobre la mesa el 1 de copas, el 7 de bastos, la sota de oros, el 3 de oros y el 4 de espadas. ¿De quién sería el turno? ¿Por qué?

Sería el turno de Vanesa, porque habría cinco cartas sobre la mesa y, como es Darío quien comienza la partida, este tiene el turno cuando hay una cantidad par de cartas sobre la mesa (o ninguna) y Vanesa, cuando hay una cantidad impar de cartas.

11. ¿Cuántas cartas quedarían en la baraja en ese momento?

    Quedarían 43 cartas, porque 48 – 5 = 43.

12. ¿Qué carta necesitaría la persona de turno para ganar en este momento?

    Necesitaría un rey, un caballo (el número 11), un 5, un 2, un 9 o un 8.

13. Entonces, ¿qué probabilidad tendría de ganar en este turno? Razona la respuesta.

    Como habría seis números que le otorgarían la victoria y en la baraja quedarían los cuatro palos de cada uno de ellos, el número de casos favorables sería 24, porque 6 · 4 = 24. Entonces, la probabilidad pedida es:

    $$\frac{24}{43} = 0,5581$$

14. ¿Y si en la mesa estuvieran el 8 de oros, el 6 de copas, el caballo de bastos, el 8 de copas y el 3 de espadas? ¿Qué probabilidad tendría de ganar en este turno?

    En este caso, necesitaría sacar un rey, un 4, un 6, un 1 o un 9. El número de casos favorables sería 4 · 4 + 3 = 19, puesto que, en la baraja, habría cuatro cartas de cada número, excepto del 6, del que quedarían tres cartas. Por tanto, la probabilidad pedida es:

    $$\frac{19}{43} = 0,4419$$

15. ¿Sería posible que estuvieran en la mesa el 5 de espadas, la sota de bastos, el 1 de oros, el 7 de oros y el 6 de copas? En caso afirmativo, ¿cuál sería la probabilidad de que ganara en ese momento el jugador de turno?

    No es posible que se llegue a esta situación, ya que hay dos cartas cuya suma es igual a 12: el 5 de espadas y el 7 de oros. El desarrollo de esta partida significa que Darío extrajo el 5 de espadas en primer lugar y que Vanesa sacó el 7 de oros en su segunda extracción. En ese momento, Vanesa habría ganado y la partida habría terminado.

26. Observa la tabla de compatibilidad de los distintos grupos sanguíneos y contesta a las cuestiones planteadas.

Receptor	Donante							
	O+	O–	A+	A–	B+	B–	AB+	AB–
O+	X	X						
O–		X						
A+	X	X	X	X				
A–		X		X				
B+	X	X			X	X		
B–		X				X		
AB+	X	X	X	X	X	X	X	X
AB–		X		X		X		X

1. Un donante universal es una persona cuya sangre se puede transfundir a cualquier otra, sea del grupo que sea. ¿A qué grupo sanguíneo pertenecen los donantes universales?

Pertenecen al 0–.

2. En cambio, un receptor universal es una persona que puede recibir una transfusión de sangre de cualquier otra, sea del grupo que sea. ¿A qué grupo sanguíneo pertenecen los receptores universales?

Pertenecen al AB+.

3. En esta otra tabla, se muestra la distribución de los habitantes de una ciudad, dependiendo del grupo sanguíneo al que pertenecen, según datos de las autoridades sanitarias. Completa la tabla.

Grupo sanguíneo	Número de personas (frecuencia absoluta)	Proporción de personas (frecuencia relativa)	Porcentaje
0+	283 104	*283 104 / 786 400 = 0,36*	36 %
0–	70 776	*70 776 / 786 400 = 0,09*	9 %
A+	267 376	*267 376 / 786 400 = 0,34*	34 %
A–	62 912	*62 912 / 786 400 = 0,08*	8 %
B+	62 912	*62 912 / 786 400 = 0,08*	8 %
B–	15 728	*15 728 / 786 400 = 0,02*	2 %
AB+	19 660	*19 660 / 786 400 = 0,025*	2,5 %
AB–	3932	*3932 / 786 400 = 0,005*	0,5 %
Total	786 400	*1*	100 %

4. Calcula razonadamente la probabilidad de que una persona elegida al azar sea donante universal.

Dado que un donante universal es del grupo 0–, a partir de su frecuencia relativa, tenemos que la probabilidad de que sea donante universal es 0,09.

5. ¿Cuál es la probabilidad de que una persona elegida al azar sea receptor universal?

Como un receptor universal es del grupo AB+, por su frecuencia relativa, resulta que la probabilidad de que sea receptor universal es 0,025.

6. Una persona del grupo A+ ha tenido un accidente y necesita una transfusión de sangre. ¿Cuál es la probabilidad de que un donante elegido al azar sea compatible con esta persona? Razona la respuesta.

Según la primera tabla, una persona del grupo A+ solo puede recibir sangre de los tipos 0+, 0–, A+ y A–. Por tanto, teniendo en cuenta sus frecuencias relativas, tenemos que la probabilidad de que sea compatible es:

$$P(0+) + P(0–) + P(A+) + P(A–) =$$
$$= 0,36 + 0,09 + 0,34 + 0,08 = 0,87$$

7. ¿Qué es más probable, encontrar un donante para una persona del grupo A+ o para una del B+?

Los donantes para el grupo B+ son 0+, 0–, B+ y B–. Entonces, por sus frecuencias relativas, tenemos:

$$P(Donante\ B+) = P(O+) + P(O–) + P(B+) + P(B–) =$$
$$= 0,36 + 0,09 + 0,08 + 0,02 = 0,55$$

Como es una cantidad inferior a la obtenida en el apartado anterior, resulta que es más probable encontrar un donante para una persona del grupo A+.

Marcombo

Marcombo es una editorial especializada en libros técnicos
y científicos con más de 75 años de experiencia.

Los títulos de Marcombo están escritos por grandes especialistas
y tratan materias como Tecnología, Empresa, Instalaciones y otros temas relacionados
con las ciencias e ingenierías. Asimismo, publicamos libros sobre formación
profesional, certificados de profesionalidad y universitarios. Materias de siempre
y actuales que avalan una rigurosa y dilatada trayectoria editorial.

Tal como hemos hecho durante todos estos años, Marcombo está a su disposición
para ofrecerle las mejores obras técnicas, científicas y de formación de ayer, hoy y
siempre. Los autores, nacionales e internacionales, comparten su amplia experiencia
mostrando tutoriales de contenidos paso a paso, expertos consejos e ideas motivadoras
que reforzarán sus conocimientos. Estos libros son una valiosa herramienta
con la que potenciará notablemente sus habilidades y conocimientos técnicos.

Queremos agradecer su confianza en los libros de Marcombo.
Por eso, queremos compartir con usted diversos regalos digitales
de algunos de los temas de referencia. Puede acceder a ellos
dentro del apartado **Contenido gratuito** en
www.marcombo.com